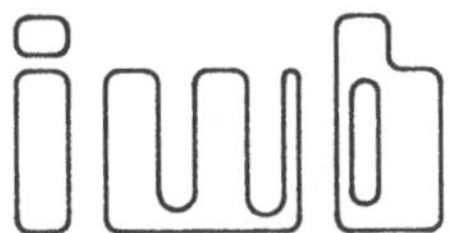

Forschungsberichte · Band 43

Berichte aus dem
Institut für Werkzeugmaschinen
und Betriebswissenschaften
der Technischen Universität München

Herausgeber: Prof. Dr.-Ing. J. Milberg

Jürgen Hoßmann

Methodik zur Planung der automatischen Montage von nicht formstabilen Bauteilen

Mit 73 Abbildungen

Springer-Verlag Berlin Heidelberg GmbH 1992

Dipl.-Ing. Jürgen Hoßmann
Institut für Werkzeugmaschinen und Betriebswissenschaften (iwb), München

Dr.-Ing. J. Milberg
o. Professor an der Technischen Universität München
Institut für Werkzeugmaschinen und Betriebswissenschaften (iwb), München

D 91

ISBN 978-3-540-55220-8   ISBN 978-3-662-08720-6 (eBook)
DOI 10.1007/978-3-662-08720-6

Gesamtherstellung: Hieronymus Buchreproduktions GmbH, München
2362/3020-543210

Geleitwort des Herausgebers

Die Verbesserung der Fertigungsmaschinen, der Fertigungsverfahren und der Fertigungsorganisation im Hinblick auf die Steigerung der Produktivität und die Verringerung der Fertigungskosten ist eine ständige Aufgabe der Produktionstechnik. Die Situation in der Produktionstechnik ist durch abnehmende Fertigungslosgrößen und zunehmende Personalkosten sowie durch eine unzureichende Nutzung der Produktionsanlagen geprägt. Neben den Forderungen nach einer Verbesserung der Mengenleistung und der Arbeitsgenauigkeit gewinnt die Steigerung der Flexibilität von Fertigungsmaschinen und Fertigungsabläufen immer mehr an Bedeutung. In zunehmendem Maße werden Programme, Einrichtungen und Anlagen für rechnergestützte und flexibel automatisierte Produktionsabläufe entwickelt.

Ziel der Forschungsarbeiten am Institut für Werkzeugmaschinen und Bertriebswissenschaften der Technischen Universität München (iwb) ist die weitere Verbesserung der Fertigungsmittel und Fertigungsverfahren im Hinblick auf eine Optimierung der Arbeitsgenauigkeit und Mengenleistung der Fertigungssysteme. Dabei stehen Fragen der anforderungsgerechten Maschinenauslegung sowie der optimalen Prozeführung im Vordergrund. Ein weiterer Schwerpunkt ist die Entwicklung fortgeschrittener Produktionsstrukturen und die Erarbeitung von Konzepten für die Automatisierung des Auftragsdurchlaufs. Das Ziel ist eine Integration der technischen Auftragsabwicklung von der Konstruktion bis zur Montage.

Die im Rahmen dieser Buchreihe erscheinenden Bände stammen thematisch aus den Forschungsbereichen des iwb: Fertigungsverfahren, Werkzeugmaschinen, Fertigungs- und Montageautomatisierung. In ihnen werden neue Ergebnisse und Erkenntnisse aus der praxisnahen Forschung des iwb veröffentlicht. Diese Buchreihe soll dazu beitragen, den Wissenstransfer zwischen dem Hochschulbereich und dem Anwender in der Praxis zu verbessern.

Joachim Milberg

Vorwort

Die vorliegende Dissertation entstand neben meiner Tätigkeit als wissenschaftlicher Mitarbeiter am Institut für Werkzeugmaschinen und Betriebswissenschaften (iwb) der Technischen Universität München.

Herrn Professor Dr.-Ing. J. Milberg, dem Leiter dieses Instituts, gilt mein besonderer Dank für die wohlwollende Förderung und großzügige Unterstützung sowie die wertvollen Hinweise zu dieser Arbeit.

Ebenso möchte ich mich bei Herrn Prof. Dr.-Ing. K. Ehrlenspiel für die aufmerksame Durchsicht der Arbeit und die sich daraus ergebenden Anregungen bedanken.

Darüberhinaus möchte ich allen Mitarbeitern des Instituts und allen Studenten, die mich bei der Erstellung meiner Arbeit unterstützt haben, meinen Dank aussprechen.

München, 1991   *Jürgen Hoßmann*

Inhaltsverzeichnis

Verzeichnis der verwendeten Formelzeichen und Abkürzungen

A	Fläche
A_0	Querschnittsfläche im unverformten Zustand
a	Beschleunigung
F	Kraft, Zugkraft
FE	Finite-Elemente
F_0	Eintrittskraft
G	Schubmodul
I_1, I_2	Dehnungsinvarianten des Verzerrungstensors
l	momentane Länge
l_0	ursprüngliche Länge
m	Masse
n.f.l.	nicht formstabil langgestreckt
t	Zeit
dv/dt	Ableitung der Geschwindigkeit nach der Zeit
W	Formänderungsenergie
α	Umschlingungswinkel
β	Nichtlinearitätsparameter
η	dynamische Viskosität
λ	Verstreckung
μ	Haftreibungskoeffizient
σ	Spannung (bzgl. Ausgangsquerschnitt)
υ	Querkontraktionszahl

1 Einleitung

Die Verringerung der Produktionskosten und damit die Stärkung der Wettbe-
werbsfähigkeit eines Unternehmens kann u. a. durch eine gesteigerte Automatisierung erreicht werden. Zunehmende Arbeitszeitverkürzungen in Verbindung
mit steigenden Löhnen verstärken die Bereitschaft der Unternehmen getragen
von der derzeitigen Hochkonjunktur in automatische Produktionsanlagen zu
investieren /1/.

1.1 Einführung

Trotz vielfältiger Anstrengungen in den letzten Jahren bleibt die Automatisierung
der Montage hinter der automatischen Teilefertigung zurück /2/. Die erhofften
Ziele konnten bislang kaum erreicht werden, obwohl die Montage stark an den
Produktionskosten des Produktes beteiligt ist /3/ und im Vergleich mit anderen

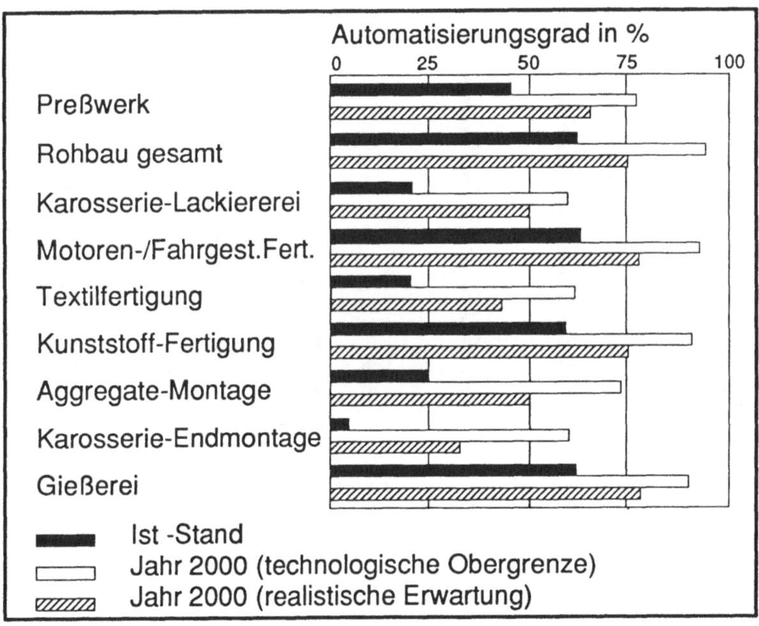

Bild 1.1:   Automatisierungsgrade in der PKW-Fertigung /4/

Fertigungsbereichen, wie Bild 1.1 am Beispiel der Pkw-Fertigung zeigt, ein sehr hohes Rationalisierungspotential aufweist /4/. Zur Begründung für den gebremsten Einzug der Automatisation in die Montage wird oft angegeben, daß die Montageaufgaben meist sehr viel komplexer als die Teilefertigung sind und zudem ein Sammelbecken aller Fehler darstellen /5/. Gilt es bei der Teilefertigung lediglich ein Teil automatisch zu fertigen, so sind dies bei der Montage eine Vielzahl von toleranzbehafteten Teilen bei unterschiedlichen Prozessen, über die bislang nur wenig Grundlagenwissen oder Anwendungserfahrungen vorliegen.

Als Gradmesser für die Automatisierung können die Einsatzzahlen der Industrieroboter herangezogen werden, die nach einer schwachen Wachstumsphase im Jahre 1988 wieder stark ansteigen /6, 7/ (Bild 1.2). Dabei ist insbesondere ein zunehmender Anstieg im Bereich der Montage festzustellen.

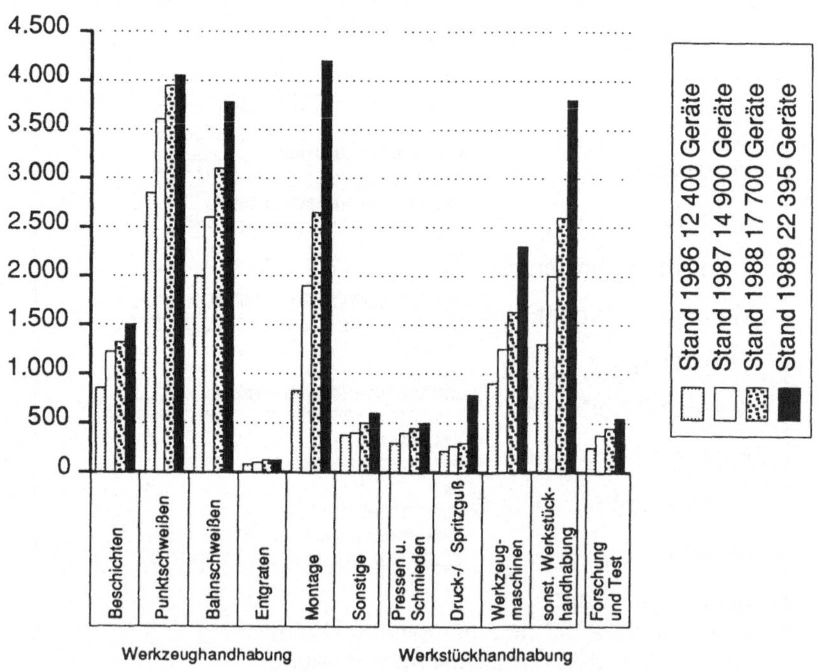

Bild 1.2:   Einsatzzahlen der Industrieroboter in der BRD /7/

Während für einfache Montagevorgänge, in denen die Teile lediglich durch ein einfaches "Pick and Place"-Verfahren montiert werden (z.B. die Leiterplattenbestückung), ein relativ hoher Automatisierungsgrad erreicht wird, ist die Montage von Dichtungen, Folien, Schläuchen, Kabeln, etc. bisher kaum automatisiert. Grund hierfür ist das als "biegeschlaff" oder "nicht formstabil" bezeichnete Verhalten dieser Bauteile, über das bisher nur wenig Grundlagenwissen oder Anwendungserfahrungen vorliegt.

1.2   Zieldefinition und Vorgehensweise

Das Ziel dieser Arbeit soll es sein, geeignete Methoden und Hilfsmittel zu erarbeiten, mit deren Hilfe geeignete Lösungen für eine automatische Montage der nicht formstabilen Bauteile abgeleitet werden können. Die Ausarbeitung soll sich dabei an konkreten und in der Praxis häufig vorkommenden Problemstellungen orientieren. Da die Produktgestaltung auf die Automatisierung einen entscheidenden Einfluß hat und dieser Einfluß sich bei komplexen Problemstellungen, wie sie bei den nicht formstabilen Bauteilen vornehmlich auftreten, umso gravierender äußert, soll das Wissen über die Zusammenhänge von Produktgestalt und Automatisierungslösung erweitert werden.

Ausgehend von einer Analyse der bisherigen Automatisierungsansätze und der Erfassung des Bauteilspektrums sollen die Schwierigkeiten der automatischen Montage aufgezeigt und die Aufgabenstellung weiter konkretisiert werden. Verschiedene methodische Ansätze zur Lösung der Automatisierungsaufgabe sollen auf ihre Eignung hin untersucht und auf die spezifischen Belange angepaßt werden. Denn aufgrund der komplizierten Problemstellung wird nur eine maßgeschneiderte Lösungsmethodik konkrete und daher erfolgversprechende Ergebnisse liefern können.

In Anlehung an die Teilefertigung, in der entsprechend der Strukturierung der Werkstücke in rotatorische und prismatische Teile die Auswahl des Bearbeitungsverfahrens (Drehen, Fräsen, etc.) erfolgt, ist für die nicht formstabilen Bauteile eine geeignete Klassifizierung aufzustellen, mit deren Hilfe das geeignete Automatisierungskonzept ausgewählt werden kann.

Zur Verkürzung der Lösungsfindung wird der Einsatz von Rechnerhilfsmitteln insbesondere bei der Simulation des Fügeprozesses geprüft. Die kostenintensiven und zeitaufwendigen praktischen Versuche sollen durch die Simulation so weit wie möglich ersetzt werden.

2 Strukturierung der Aufgabenstellung und Situationsanalyse

Bevor mit der Erarbeitung von Lösungsansätzen begonnen wird, ist zunächst der bisherige Stand der Technik zu analysieren. Ausgehend von den Analyseergebnissen sind für die weitere Arbeit die Problemstellungen genau zu beschreiben und die konkreten Ziele festzulegen.

2.1 Begriffe, Definitionen

Es werden nachfolgend einige technische Begriffe erläutert, die in der vorliegenden Arbeit häufig verwendet werden.

<u>Montieren</u> dient als Oberbegriff für die weiteren Begriffe Fügen, Handhaben und Kontrollieren /8/. Montieren ist nach /9/ die Gesamtheit aller Vorgänge, die dem Zusammenbau von geometrisch bestimmten Körpern dienen. Dabei kann zusätzlich formloser Stoff zur Anwendung kommen.

<u>Fügen</u> stellt neben fünf weiteren Verfahren eine Hauptgruppe der Fertigungsverfahren nach DIN 8580 /10/ dar. Laut Definition ist Fügen das Zusammenbringen von zwei oder mehr Werkstücken geometrisch bestimmter, fester Form oder von ebensolchen Werkstücken mit formlosem Stoff. Dabei wird der Zusammenhalt örtlich geschaffen und im ganzen vermehrt.

<u>Handhaben</u> ist neben den Teilfunktionen Fördern und Lagern dem Materialfluß zugeordnet und ist das Schaffen, definierte Verändern oder vorübergehende Aufrechterhalten einer vorgegebenen räumlichen Anordnung von geometrisch bestimmten Körpern in einem Bezugskoordinatensystem /11/.

<u>Montagegerechte Produktgestaltung</u> bedeutet, die Produkte so zu konstruieren, daß deren Montageaufwand ein Minimum erreicht. Der Montageaufwand ist die monetäre Summe aller zur Montage eines Produktes/einer Baugruppe notwendigen manuellen, maschinellen und organisatorischen Aufwendungen sowie aller

benötigten Energien und Hilfstoffe /12, 13/. Das Ziel der montagegerechten Produktgestaltung ist die Verringerung der Herstellkosten des Produktes. Die durch die montagegerechte Gestaltung erhaltenen Kostenvorteile sind dabei den eventuell auftretenden Kostennachteilen bei der Einzelteilfertigung und bei den Materialkosten gegenüberzustellen.

<u>Nicht formstabile oder deformierbare Bauteile</u> sind dadurch gekennzeichnet, daß man ihnen zur Montage zumindest bereichsweise eine definierte Form geben muß, die durch ein Werkzeug oder manuell aufgeprägt werden kann. Dies kann während des Handhabens oder während des Fügevorganges erfolgen. Der Grad der Formstabilität wird durch Werkstoff- und Gestaltmerkmale bestimmt. Erst das Zusammenwirken dieser beiden Einflüsse entscheidet über die Formstabilität /14, 15/. In einigen Veröffentlichungen /16, 17/ werden diese Eigenschaften des Handhabungsgutes mit dem Begriff biegeschlaff bezeichnet. Dieses Adjektiv beschreibt die Montageproblematik nur unzureichend. Es wird dadurch nur zum Ausdruck gebracht, daß das Handhabungsobjekt sich unter Gewichtskraft stark verbiegt, wenn es punktuell festgehalten wird . Die Form des Bauteils wird aber nicht nur durch Biegung verändert. Ebenso können bei der Montage Formänderungen durch Dehnung, Zusammendrücken, Verdrehung, Scherung, Falten, Wikkeln oder Krümmen bewirkt werden /18/. Der Begriff "biegeschlaff" beschreibt daher die charakteristischen Fügeeigenschaften zu ungenau und wird daher in dieser Arbeit nicht weiter verwendet.

<u>(Füge-) Prozeß</u> ist die Gesamtheit der Vorgänge in einem System, durch die Materie, Energie oder Information umgeformt, transportiert oder gespeichert wird. Wenn die physikalischen Größen durch technische Mittel erfaßt und beeinflußt werden können, spricht man von einem technischen Prozeß /19/. Wird der Prozeß lediglich auf den Fügevorgang bezogen, so kann man von einem Fügeprozeß sprechen.

2.2 Stand der Technik

Im Vergleich zu den formstabilen Bauteilen gibt es nur sehr wenige Literaturstellen, die eine automatische Montage von nicht formstabilen Bauteile behandeln. So findet man bislang kaum produktionstechnisch eingesetzte Automatisierungsbeispiele. Die überwiegende Mehrheit der aufzufindenden Literaturstellen handelt lediglich von Automatisierungsansätzen in Form von Laboraufbauten, die aus Gründen der Zuverlässigkeit oder aus wirtschaftlichen Erwägungen bislang keinen Zugang in die Produktion gefunden haben.

Die vorhandene Literatur kann in zwei Kategorien aufgeteilt werden, in die wissenschaftlich orientierte Literatur, die mit methodischen Ansätzen und Hilfsmitteln versucht die Montageaufgabe zu lösen, und in Literatur, die im wesentlichen für eine konkrete Montageaufgabe die speziell dafür ausgelegte Automatisierungslösung vorstellt. Diese Speziallösungen werden in der Regel intuitiv durch TRIAL AND ERROR und in umfangreichen Experimenten erarbeitet. Dies hat zur Folge, daß ein hoher Zeit- und Kostenaufwand für die Herstellung und Modifikation von Prototypenwerkzeugen nötig ist, bis ein zuverlässiger Betrieb stattfinden kann. Auf den Lösungsfindungsprozeß und auf die primären Verformungsvorgänge des nicht formstabilen Bauteiles, die den Fügevorgang maßgeblich beeinflussen und wesentlich auf die Werkzeugkonstruktion einwirken, wird bei diesen technischen Abhandlungen nicht eingegangen. Es ist daher verständlich, daß diese Speziallösungen für ähnliche Montageaufgaben allzu oft nicht oder erst nach erheblichen Änderungen umgesetzt werden können.

Die bisherigen wissenschaftliche Arbeiten befassen sich vornehmlich mit der Montage von Schläuchen, bzw. mit der Kabelbaumverlegung /20, 21/. So wird in /22/ die Thematik der Montage von Schläuchen mit Industrierobotern umfassend behandelt. Die den Montageprozeß beeinflussenden Montageparameter werden in einem dafür errichteten Versuchsstand qualitativ und quantitativ ermittelt. Da bei den Schläuchen, wie auch bei allen anderen nicht formstabilen Bauteilen, eine große Variantenvielfalt in Gestalt, Abmessung und Materialverhalten vorliegt, werden systematische Verfahren zur Berechnung der wichtigsten Montageparameter entwickelt. Zum Ausgleich großer Toleranzen, der ein wesentlicher Gesichtspunkt bei der Automatisierung ist, werden mehrere passive Verfahren vorgestellt und vergleichend gegenübergestellt.

Andere wissenschaftliche Arbeiten betrachten die automatische Montage insbesondere von nicht trivialen Montagevorgängen, wie sie bei der Montage von nicht formstabilen Bauteilen durchaus auftreten, unter dem allgemeinen Gesichtspunkt der rechnergestützten Planung. Nach /23, 24/ liegt eine starke Wechselbeziehung zwischen dem Fügeprozeß und der konstruktiven Gestaltung der Bauteile vor. Als Ausgangspunkt für eine rechnerunterstützte Montageplanung wird daher die Entwicklung und Optimierung des automatisierten Montageprozesses festgesetzt. Ist der Montageprozeß hinlänglich definiert, kann mit der Planung der Montagezelle (-anlage) begonnen werden. Am Beispiel der Montage von Schläuchen werden verschiedene Möglichkeiten vorgestellt, die die Einflüsse zwischen Prozeß (Aufsteckvorgang) und Produkt (Schlauch) quantifizierbar machen. So werden mit Hilfe der Finiten-Elemente-Methode die Aufsteckkräfte und die Verformungen des Schlauches bei veränderter Geometrie des Nippels berechnet. Zur Ermittlung der optimalen Fügebewegung, die an einem Versuchsstand durchgeführt wird, werden verschiedene numerische Optimierungsverfahren eingesetzt, die die parametrisierte Aufsteckbewegung des Industrieroboters beeinflussen und so eine optimierte Aufsteckbewegung zum Ergebnis haben.

2.2.1 Klassifizierungsansätze

Andere wissenschaftliche Abhandlungen schlagen vor, das große Teilespektrum der nicht formstabilen Bauteile zunächst zu klassifizieren /14, 15, 25/. Ziel dieser Klassifizierung ist es, einmal gefundene Automatisierungslösungen auf andere Bauteile zu übertragen. Während für starre Körper sehr fein untergliederte Klassifizierungen ausgearbeitet wurden, wird deformierbares Handhabungsgut /26/ bislang nicht genauer unterschieden.

In /15/ wird daher nach genauerer Betrachtung von verschiedenen Klassifizie-
rungsansätzen festgestellt, daß eine Einteilung der nicht formstabilen Bauteile
nur nach montagerelevanten Eigenschaften sinnvoll ist. So können zum Beispiel
Masse, Werkstoff, Oberfläche, Abmessungen, Schwerpunktlage oder vorherr-
schende Fügevorgänge, wie sie in DIN 8593 /27/ aufgeführt sind, mögliche
Klassifizierungskriterien sein. Erfahrungsgemäß haben jedoch Formmerkmale
den größten Einfluß auf die Automatisierungskonzepte. Die daraus abgeleitete
Einteilung (Bild 2.1) sieht langgestreckte, flächenförmige und blockförmige
Bauteile vor. Dennoch wird festgestellt, daß diese Einteilung sicherlich zu grob
ist, um der Vielzahl der Teile (allein in der Pkw-Endmontage über 250 Teile pro
Fahrzeug) eindeutige Automatisierungskonzepte zuzuordnen.

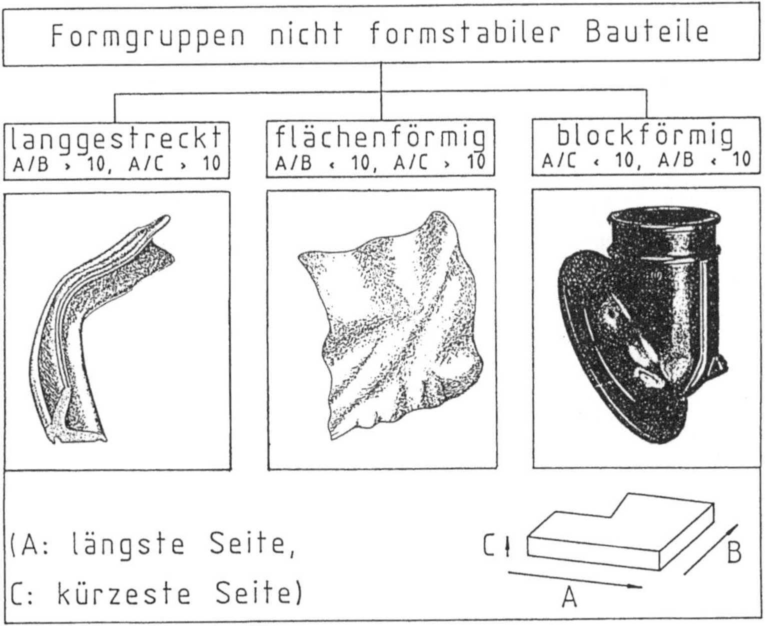

Bild 2.1:   Grobklassifizierung der nicht formstabilen Bauteile /15/

2.2.2 Montagewerkzeuge

Manuelle Montage

Betrachtet man zunächst das große Werkzeugspektrum, das allein bei der spanenden Fertigung vorhanden ist und das selbst für ausgefallene Fertigungsaufgaben ein Spezialwerkzeug vorsieht, so stehen für die Montage von nicht formstabilen Bauteilen nur wenige Werkzeuge standardmäßig zur Verfügung. Die meisten dieser Werkzeuge sind zweckentfremdet (Schraubendreher, Messer, Hammer, etc.) und sind für die manuelle Montage ausgelegt (Handrolle, gebogenes Blech, etc.). In der Regel ist keine Planung oder konstruktive Entwicklung dem Einsatz dieser Werkzeuge vorausgegangen. Vielmehr greift der Werker nach einer gewissen Anlaufzeit auf diese teils selbst angefertigten Werkzeuge zurück, um die bis dato ohne Hilfsmittel durchgeführte Montage zu vereinfachen. Maßgebend für den Montagefortschritt bleibt aber dennoch die Geschicklichkeit des Werkers, der stets mit sicherem Griff an der richtigen Stelle am Bauteil ansetzt, und dadurch montageunfreundliche Bauteile montieren kann.

Automatische Montage

Vornehmlich in der Automobilindustrie und in der Hausgeräteindustrie werden große Anstrengungen unternommen, um kostengünstige automatisierte Lösungen für die Montage von nicht formstabilen Bauteilen zu finden. Eine Bestätigung findet sich hierfür in einer Reihe von Veröffentlichungen /28 - 38/ und Patentschriften /39 - 49/ im In- und Ausland. Speziell für die Montage von Pkw-Türdichtungen existieren mehrere Ansätze und Patentschriften, die auf unterschiedlichen Montagekonzepten basieren. Nach /46/ wird ein Montagewerkzeug beschrieben, mit dem die bereits abgelängte Türdichtung auf den karosserieseitigen Punktschweißfalz der Türe aufgerollt werden kann. In /47/ dagegen wird die bereits ringförmig geschlossene Türdichtung aufgerollt. Das

Werkzeug und der Montagevorgang ist dementsprechend verändert. Trotz der vielen Ansätze und Patente sind diese Anlagen bisher meist nicht über das Versuchsstadium hinaus weiterentwickelt worden.

2.3 Problemdefinition

Aus der zuvor durchgeführten Situationsanalyse lassen sich nun die Problemstellungen, die bei der Realisierung der automatischen Montage von nicht formstabilen Bauteilen auftreten, ableiten.

Betrachtet man den großen Anteil der unsystematisch entwickelten Automatisierungskonzepte und Werkzeuge, so läßt sich daraus das Fehlen von geeigneten Vorgehensweisen bei der Realisierung einer automatischen Montage von nicht formstabilen, langgestreckten Bauteilen insbesondere bei der Konstruktion von Werkzeugen ableiten.

Obwohl eine Klassifizierung der nicht formstabilen Bauteile existiert und bereits einige Automatisierungskonzepte vorliegen, ist diese Einteilung für eine Übertragung von einmal gefundenen Automatisierungsmöglichkeiten auf ähnliche Bauteile zu ungenau. Aufgrund der großen Variantenvielfalt der nicht formstabilen Bauteile ist eine Eingrenzung des Bauteilspektrums auf die Klasse der langgestreckten Bauteile für die weitere Arbeit sinnvoll, zumal diese im Bereich der Automobilindustrie und der Hausgeräteindustrie sehr häufig auftreten (Bild 2.2). Zur Vereinfachung werden die nicht formstabilen, langgestreckten Bauteile im weiteren mit "n.f.l." Bauteile abgekürzt. Nicht in dieser Klasse berücksichtigt wird die Kabelbaumfertigung, die als eigenständige Thematik bereits in mehreren wissenschaftlichen Veröffentlichungen behandelt wurde /20, 21, 50/.

Neben der zu ungenauen Klassifizierung der n.f.l. Bauteile wirkt sich insbesondere die Unkenntnis über den Fügeprozeß nachteilig für eine Automatisierung aus, da mit diesem recht unzureichenden Wissen über die Vorgänge während des Fügevorganges allzu oft recht kostenintensive und weniger zuverlässige Montagewerkzeuge entwickelt werden.

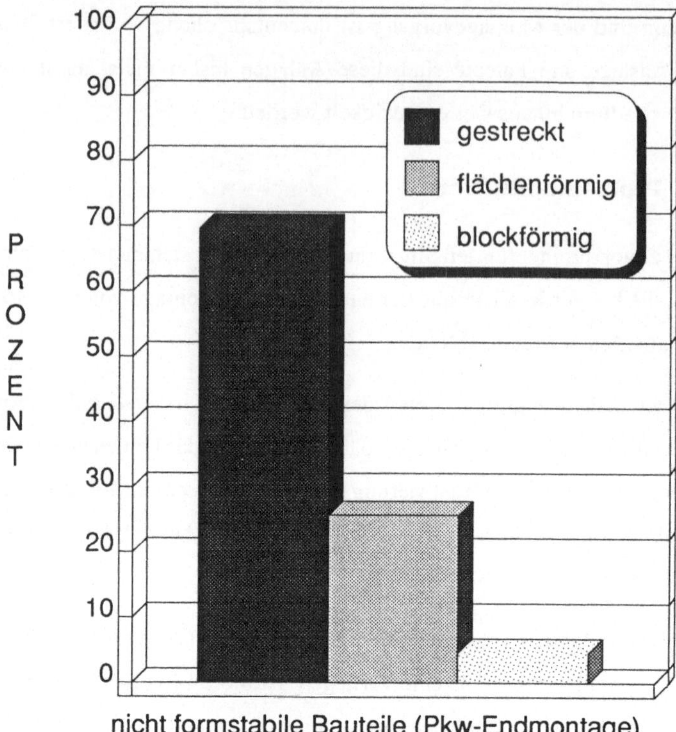

Bild 2.2:   Prozentuale Verteilung der nicht formstabilen Bauteile

Zur Unterstützung des Lösungsfindungsprozesses werden im Bereich der Bau-
teil- und der Werkzeugkonstruktion /51/ mangels Wissen und Erfahrung kaum
Planungshilfsmittel eingesetzt.

3 Analyse der Automatisierungshemmnisse und Ableitung der Aufgabenstellung

Zur Lösung der o.g. Probleme ist es zunächst ratsam, die Gründe für die geringe Realisierung von automatischen Montageanlagen in Erfahrung zu bringen.

Betrachtet man die herkömmliche Auftragsabwicklung von Unternehmen, so ist diese durch die klar abgegrenzte zeitliche Aufeinanderfolge der einzelnen an der Auftragsabwicklung beteiligten Bereiche geprägt. Dies gilt auch für die Konstruktion und die Montageplanung. Während in der Konstruktion die Gestalt und Geometrie der nicht formstabilen Bauteile und die der vornehmlich formstabilen Montagepartner festgelegt wird (Produkte), erfolgt zeitlich nachgeschaltet in der Montageplanung die Konstruktion der Werkzeuge (Betriebsmittel) und die Planung der Anlage. Durch diese Hintereinanderschaltung von Konstruktion und Montageplanung wird der Montageplaner oft nicht ausreichend an der Produktgestaltung beteiligt. Dies hat zur Folge, daß der Planer mit nicht montagegerecht gestalteten Produkten konfrontiert wird. Es ist ihm daher oft kaum möglich, eine zuverlässige und kostengünstige Lösung für die Automatisierung zu erarbeiten, zumal der zeitliche Rahmen für eine Entwicklung recht knapp bemessen ist und Produktänderungsvorschläge, die eine montagegerechte Gestaltung des Produktes vorsehen, nicht mehr rechtzeitig durchgeführt werden können /52/.

Neben dem Einfluß der konstruktiven Gestaltung der Bauteile gibt es für die automatisierte Montage der nicht formstabilen Bauteile noch weitere Einflußfaktoren auf den Fügeprozeß. Diese werden im folgendem aufgelistet:

- Fügeverfahren,

- Bauteilgestaltung (deformierbares Bauteil, Montagepartner),

- Montagewerkzeug.

Hierbei werden die Handhabungssysteme, Bereitstellungseinrichtungen und weitere Peripherie einer Montagezelle (bzw. -anlage) nicht genannt, da erst durch die Festlegung des Fügeprozesses die Anforderungen an die Komponenten aufgestellt werden können.

In der anschließenden Analyse werden die Auswirkungen der ebengenannten Einflußfaktoren auf die automatische Montage dargestellt. Aufbauend auf die dabei gewonnenen Erfahrungen werden konkrete Aufgabenstellungen abgeleitet.

3.1 Analyse der Fügeverfahren

Eine Gliederung der Fügeverfahren und deren Defintion wird in der DIN 8593 /27/ vorgenommen. Die für die nicht formstabilen Bauteile eingesetzten Fügeverfahren sind entsprechend ihrer auftretenden Häufigkeit in Bild 3.1 dargestellt /53/. Im Gegensatz zu den blockförmigen Bauteilen bei denen das Fügeverfahren "federndes Einspreizen" sehr häufig zum Einsatz kommt, werden für die n.f.l.

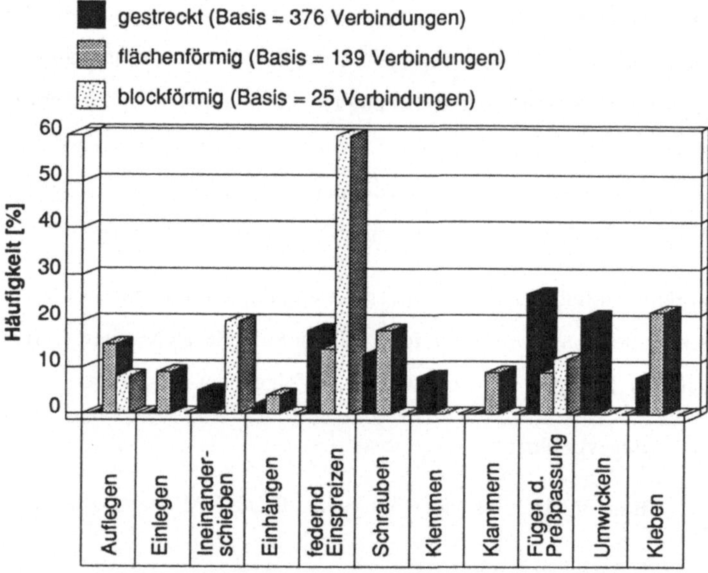

Bild 3.1: Häufigkeitsverteilung der eingesetzten Fügeverfahren am Beispiel einer Pkw-Endmontage /53/

Bauteile, die Inhalt dieser Arbeit sind, als Fügeverfahren hauptsächlich das "Umwickeln", das Fügen durch "Preßpassung", das "federnd Einspreizen" und das "Schrauben" eingesetzt. Das Fügeverfahren "Umwickeln", das unter der Gruppe "Fügen durch Umformen" einzuordnen ist, wird beinahe zu 100% bei der Kabelbaumfertigung eingesetzt und wird in dieser Arbeit nicht weiter berücksichtigt (s. Kap. 2). Die in Bild 3.1 aufgeführte Statistik gibt eine Übersicht über die verwendeten Fügeverfahren, liefert aber keine Aussage darüber, welche der Verfahren sich insbesondere für die automatische Montage eignen.

Zwar können Fügeverfahren, die z.B. eine Korrekturbewegung oder eine Bewegungswiederholung unter Umständen erforderlich machen, bei der manuellen Montage vom Werker durch ein schnelles Nachfassen zuverlässig und in einem zeitlich tolerierbaren Rahmen montiert werden. Für die automatische Montage und auch für die Montageplanung bedeutet dies jedoch erhebliche zeitliche und finanzielle Nachteile. So müssen komplizierte, eventuell sogar von Sensoren unterstützte Werkzeuge entwickelt werden, die oft nicht die gewünschte Zuverlässigkeit erreichen und die häufig für den Fügevorgang zu lange Montagezeiten benötigen, um im Vergleich mit der manuellen Montage bestehen zu können. Es ist daher für die Automation wesentlich, die Vor- und Nachteile der derzeit eingesetzten Fügeverfahren für die automatische Montage herauszuarbeiten und geeignete Fügeverfahren auszuwählen.

Schon in /24, 54/ wird festgestellt, daß die Wahl des Fügeverfahrens einen wesentlichen Einfluß auf die Bauteilgestaltung hat. Wird z.B. das Fügeverfahren "Einpressen" /55/ für die Befestigung einer Dichtung an einem Türrahmen ausgewählt, so ist konstruktiv eine Nut, in die die Dichtung eingepreßt werden kann, im Türrahmen vorzusehen. Die Abmessungen der Nut und der Dichtung sind dabei so zu dimensionieren, daß zwischen beiden ein Übermaß besteht.

Neben einer ungünstigen Auswahl von Fügeverfahren verursacht die Unkenntnis über den Fügeprozeß erhebliche Schwierigkeiten bei der Realisierung einer automatischen Montage. So wirken die drei Komponenten, das n.f.l. Bauteil, der

Montagepartner und das Werkzeug direkt auf den Fügeprozeß ein. Material- und Stoffgesetze, die geometrische Gestaltung und die Fügekinematik stehen dabei als Einflußfaktoren im Vordergrund. Eine analytische Berechnung oder eine Abschätzung des komplizierten Fügevorganges, der vor allem durch das Verformungsverhalten des n.f.l. Bauteiles geprägt ist, kann nicht durchgeführt werden. Eine Einstellung der o.g. Einflußfaktoren kann daher nur in zeitaufwendigen und kostenintensiven Versuchsstationen erfolgen.

3.2   Analyse der Bauteilgestaltung

Bei der Montage von nicht formstabilen Bauteilen werden diese in der Regel an ein formstabiles Bauteil gefügt. Da primär das Verhalten und die Montage der deformierbaren Bauteile interessiert, wird für die formstabilen Bauteile der Begriff Montagepartner eingeführt. In die Analyse der Automatisierungshemmnisse ist der Montagepartner, der die Gestaltung des deformierbaren Bauteiles wesentlich beeinflußt, mit einzubeziehen und für eine automatische Montage günstig zu gestalten.

Die Bauteilgestalt des Montagepartners beeinflußt dabei in sehr direkter Weise die Gestalt des nichtformstabilen, langgestreckten Bauteils. So wird zum einen die Gestalt des deformierbaren, langgestreckten Bauteiles weitestgehend durch die berührende Linie zwischen dem formaufprägenden Montagepartner und dem n.f.l. Bauteil festgelegt. Ist z.B. der Montagepartner an dieser Kontakt- bzw. Fügelinie stark gekrümmt, so ist dies durch eine Anpassung der Form oder durch eine größere Elastizität des deformierbaren Bauteiles zu berücksichtigen. Die dem Montagepartner angepaßte Gestalt bzw. das Stoffverhalten des n.f.l. Bauteils kann dabei einen solchen Komplexitätsgrad annehmen, daß eine automatische Montage nur schwer möglich wird.

Die montagegerechte Gestaltung von Montagepartner und deformierbarem Bauteil sind also im Hinblick auf die Automatisierung wesentlich, eine frühzeitige Berücksichtigung der montagegerechten Gestaltung im Konstruktionsprozeß ist

allerdings nicht ohne weiteres möglich. Betrachtet man die derzeitige konzeptionelle Vorgehensweise bei der Produktentwicklung, so stellt man fest, daß oft erst
in der Endphase der Konstruktion des Montagepartners oder sogar nachträglich
die Notwendigkeit erkannt wird, Gummiteile z.B. aus optischen Gründen (Ziergummis, Spaltkaschierungen, etc.) oder akustischen Gründen (Pfeif-, Knarrge-
räusche, etc. die bei der Endabnahme der Maschine bemerkt werden) in die
Konstruktion vorzusehen /56/. Durch die großen fertigungstechnischen
Gestaltungsmöglichkeiten, die deformierbare Bauteile bieten, können sie trotz
der bereits vorhandenen gestalterischen Randbedingungen in die Konstruktion
eingebunden werden. Dieser konstruktive Vorteil führt allerdings in der Regel zu
nicht montagefreundlich gestalteten Geometrien der deformierbaren Bauteile,
die die Automatisierungsbestrebungen der Fertigungs- bzw. Montageplanung
stark einschränken.

3.2.1 Gestaltungsanalyse der Montagepartner

Durch die starke Betonung, die die Konstruktion auf die Gestaltung der Montagepartner legt, wird bereits im Vorfeld eine montagegerechte Auslegung der nicht
formstabilen Bauteile verhindert und somit die Automatisierung erschwert.

Eine andere Wechselwirkung existiert zwischen dem Montagepartner und dem
Werkzeug bzw. dem Handhabungssystem. Die menschliche Hand ist anerkannter
Weise in der Lage auf engstem Raum komplizierte Fügebewegungen durchzuführen. Nicht so ein Fügewerkzeug, das zudem durch ein Handhabungssystem
bewegt wird. Diese Tatsache wird jedoch bei der Konstruktion der Montagepartner kaum berücksichtigt.

Ist die Kontur des Montagepartners, an dem das n.f.l. Bauteil befestigt werden
soll, stark gekrümmt, so ergibt sich daraus eine genau festgelegte Bewegungsbahn, die zur Montage vom Fügewerkzeug abgefahren werden muß. Ständige
Richtungsänderungen wirken sich dabei nachteilig auf die Montagezeiten und
auf die Investitionskosten für beweglichere Handhabungssysteme aus. So sind

geradlinige Fügebewegungen mit einfachen Handhabungssystemen, die mit einfachen Steuerungen ausgestattet sind, einfach und kostengünstig zu realisieren. Komplizierte 2-dimensionale oder sogar 3-dimensionale Bewegungsbahnen fordern demgegenüber einen mehrachsigen Industrieroboter, der ein Vielfaches an Kosten verursacht.

3.2.2 Gestaltungsanalyse der nicht formstabilen Bauteile

Wie bereits o.g. stellen die nicht formstabilen Bauteile das "low end" in der Produktkonstruktion dar. Die gestalterische Anpassbarkeit der deformierbaren Bauteile an die Montagepartner wirkt sich dabei auch auf die Variantenvielfalt dieser Teile aus. Standardisierte Bauteile fehlen, wodurch sich die Konstruktion und Beschaffung von Prototypbauteilen sehr zeitaufwendig gestaltet.

Für die Handhabung von formstabilen Werkstücken, wie es insbesondere bei der automatischen Fertigung nötig ist, kann eine formspezifische Zuordnung von geeigneten Greifern durchgeführt werden (Bild 3.2) /57/. Dies ist bei den nicht formstabilen Bauteilen - abgesehen davon, daß es sich hierbei um komplexere Fügewerkzeuge handelt - aufgrund einer unzureichenden Klassifizierung bisher nicht möglich. Nach /14, 25/ wird eine solche Klassifizierung, die sich nach den Formmerkmalen der nicht formstabilen Bauteile orientiert, vorgeschlagen. Der gedankliche Ansatz geht hierbei davon aus, den einmal klassifizierten Bauteilen die geeigneten Automatisierungslösungen zuordnen zu können. Diese Einteilung, die bisher nur drei grobe Klassen - langgestreckte, flächenförmige und blockförmige Bauteile - vorsieht, ist jedoch zu grob und die in dieser Arbeit behandelten langgestreckten Bauteile sind zu variantenreich, um daraus geeignete Automatisierungsansätze abzuleiten.

mechanische Außengreifer					
Nr.	Bezeichnung	Schematische Darstellung	Lage der Greif-kraftwirkungslinien	Wirkorgane Bewegung/ Zahl		Bemerkungen
1	Scheren-greifer	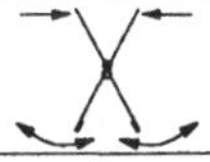	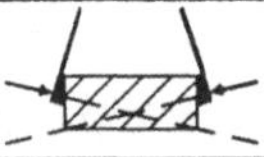	rot. um einen Drehpunkt	2	großer Greifhub kleine Greifspanne keine Mittelpktkonstanz
2	Zangen-greifer	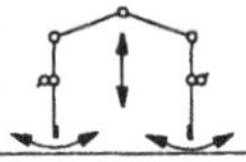	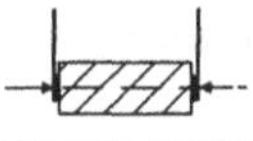	rot. um zwei Drehpunkte	2	kleiner Greifhub große Greifspanne keine Mittelpktkonstanz
3	Parallel-zangen-greifer	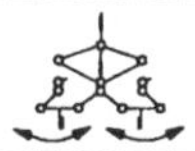	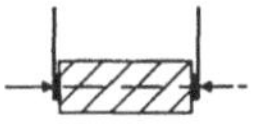	rot. um zwei Drehpunkte parall. Backen	2	kleiner Greifhub große Greifspanne keine Mittelpktkonstanz
4	Schraub-stock-greifer	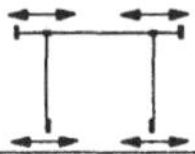	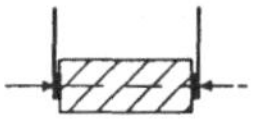	translat.	2	großer Greifhub große Greifspanne Mittelpktkonstanz
5	Schraub-stock-greifer		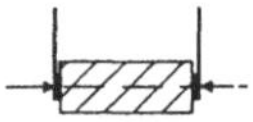	translat.	2	großer Greifhub große Greifspanne keine Mittelpktkonstanz
6	Dreifinger-Zangen-greifer	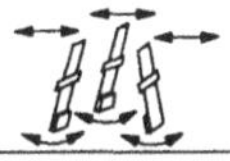	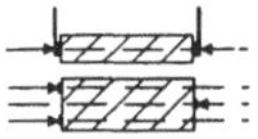	rot. um zwei Drehpunkte	3	kleiner Greifhub große Greifspanne keine Mittelpktkonstanz
7	Dreifinger-Schraub-stockgreifer	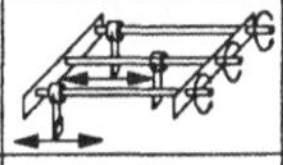	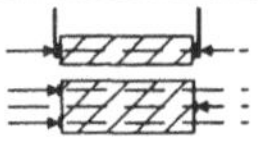	translat., zwei Wirk-organe parall.	3	großer Greifhub große Greifspanne Mittelpktkonstanz mögl.
8	Dreifinger-greifer			rot. um drei Drehpunkte	3	kleiner Greifhub große Greifspanne zentrierend
9	Dreifinger-greifer	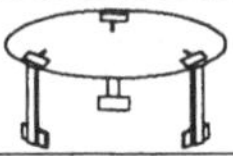		translat.	3	großer Greifhub große Greifspanne zentrierend
10	Mehrfach-greifer		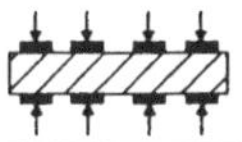	rot. um n Drehpunkte	n	parallel angeordnete Wirkorganpaare
11	Form-greifer	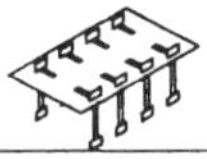		translat., parallel	n	parallel angeordnete getrennt angetriebene Wirkorgane

Bild 3.2: Außengreifer zur Werkstückhandhabung /57/

3.3   Analyse der bisher entwickelten Werkzeuge

Die Konstruktionen der Werkzeuge müssen sich vornehmlich an die Gestaltung und Bereitstellung der n.f.l. Bauteile anpassen, die sie zu montieren haben. Aufgrund der o.g. Variantenvielfalt gibt es auch bei den Werkzeugen die unterschiedlichsten Konstruktionen. Diese Sonderwerkzeuge sind dabei stark auf die Gestaltung und Bereitstellung der n.f.l. Bauteile abgestimmt, so daß ähnliche Bauteile auch durch eine geometrische Anpassung der Werkzeuge oft nicht mehr automatisch montiert werden können.

Wird zum Beispiel anstelle einer dehnungsunempfindlichen Dichtung eine sehr elastische Dichtung mit ein und demselben Werkzeug montiert, so führt dies in der Regel zu unzulässigen Längendehnungen der Dichtung, wenn nicht sogar zum Scheitern der Montage.

Ebenfalls können sich Anpassungsprobleme von Werkzeugen ergeben, wenn sich die Geometrie der Montagepartner ändert. Ein Montagewerkzeug zum Einlegen von Türrahmendichtungen realisiert den Montagevorgang durch fest installierte Andrückrollen, unter denen die Türrahmenelemente hindurchgefahren werden /44/. Die Führung der Türrahmenelemente erfolgt dabei durch mehrere, auf einer Gerade hintereinander angeordnete Rollen. Da die Dichtung in nur gerade verlaufenden Türrahmenelementen eingelegt wird, funktioniert das Verfahren. Der verwendete Rollenmechanismus ermöglicht dabei eine hohe Verfahrgeschwindigkeit. Dieses Konzept ist allerdings ausschließlich für gerade und abgelängte Rahmen einsetzbar. Gebogene oder sogar mit Ecken versehene Rahmen können mit diesem Montagewerkzeug und dem zugrundeliegenden Konzept nicht montiert werden.

Da nur wenige automatisierte Werkzeuge entwickelt wurden, fehlt bisher die nötige konstruktive Erfahrung, die zweckmäßigsten Mechanismen zur Realisierung einer konkreten Montageaufgabe zu entwickeln bzw. einzusetzen. Können bei formstabilen Bauteilen überwiegend einfache Greifer, Schrauber, etc. als

Montagewerkzeuge eingesetzt werden, die in der Regel als Einzelteile käuflich zu erwerben sind, so sind dies bei den nicht formstabilen Bauteilen meist komplexe, nicht standardisierte Werkzeuge. Der komplexe Aufbau der Werkzeuge ergibt sich aus der größeren Anzahl der Anforderungen, die an diese Werkzeuge gestellt werden. So ist die Montage nicht mit einer einfachen "Pick and Place-Operation" durchzuführen, vielmehr erfolgt die Montage bedingt durch die langgestreckte Bauform der Bauteile durch einen stetig fortschreitenden, kontinuierlichen Fügevorgang. Dies bedeutet, daß bei der Verlegung der nicht formstabilen Bauteile entlang einer bestimmten Bahn eine Synchronisierung von Werkzeugbewegung und Bauteilzuführung erfolgen muß. Das Werkzeug hat demnach nicht nur Halte- und Zuführungsfunktionen zu erfüllen. Das Unwissen über diese weiteren Funktionen des Werkzeuges führt zwangsläufig zu zeitlich langwierigen Konstruktionen, die die gewünschte Zuverlässigkeit oder Montagegeschwindigkeit nicht erreichen. Es sind daher oft viele Änderungskonstruktionen durchzuführen, bis die Funktion des Werkzeuges sichergestellt ist.

3.4　Aufgabenstellung

Aus den beschriebenen Automatisierungshemmnissen lassen sich für die weitere Arbeit die folgenden Ziele ableiten:

- Integration der Montageplanung in die Produktkonstruktion (Es ist sicherzustellen, daß bereits während der Produktkonstruktion die Gesichtspunkte der automatischen Montage berücksichtigt werden.),

- Erarbeitung von automatisierungsgerechten Fügeverfahren,

- Erstellung einer weiterführenden Klassifikation der nicht formstabilen Bauteile,

- Erarbeitung von Gestaltungsrichtlinien für die nicht formstabilen Bauteile,

- Erarbeitung von Gestaltungsrichtlinien für die Montagepartner,

- Strukturierung der Werkzeugfunktion und Erstellung von konkreten Lösungen,

- Gewährleistung eines systematischen Zugriffs auf die Lösungskonzepte.

4 Ansätze einer methodischen Lösungsfindung

Das nicht formstabile Verhalten von Dichtungen, Ziergummis, etc. erschwert ganz allgemein eine Automatisierung. Es ist daher umso mehr eine gründliche Planung der Montage zu einem möglichst frühen Stadium in der Produktentwicklung durchzuführen. Bevor für die spezielle Planungsaufgabe "Automatisierung der Montage von n.f.l. Bauteilen" eine methodische Lösungsfindung ausgearbeitet wird, sind zunächst bereits erarbeitete Vorgehensweisen zur Lösung technischer Problemstellungen auf ihre Eignung hin zu untersuchen.

4.1 Methodische Vorgehensweisen

Damit die Entwicklung und die Konstruktion von technischen Produkten (Maschinen, Anlagen, etc.) nicht allein mit dem Erfahrungsschatz von Spezialisten oder intuitiv durchgeführt wird, wurden methodische Vorgehensweisen erarbeitet, die eine systematische und zielgerichtete Bearbeitung einer konkreten Aufgabenstellung ermöglichen /58, 59, 60, 61, 62/. Die systematische Vorgehensweise und die mit ihr entwickelten Hilfsmittel erlauben es, die Lösungsfindung zu dokumentieren und nachvollziehbar zu gestalten.

Nicht jeder Konstruktionsvorgang ähnelt dem eines anderen. Liegen bereits Erfahrungen oder Konzeptskizzen für ein Produkt vor, reduziert sich die Konstruktionsarbeit oft wesentlich. Es werden daher verschiedene Konstruktionsarten unterschieden:

Variantenkonstruktion: Hierbei liegen Konzepte, Struktur und Gestalt des Produktes im wesentlichen ausgearbeitet vor. Zur Erfüllung gesetzter Anforderungen sind lediglich geometrische oder geringfügige gestalterische Änderungen durchzuführen /63/.

Anpassungskonstruktion: Die Konzepte und die Struktur des Produktes sind vorgegeben. Durch ein geändertes Anforderungsprofil sind gestalterische Änderungen notwendig, die sich durch andere Abmessungen nicht mehr realisieren lassen /63/.

Neukonstruktion: Sind für die Lösung einer Aufgabe bisher keine zufriedenstellenden Erfahrungen aus Vorgängerprodukten vorhanden, so sind neue Lösungskonzepte zu erarbeiten /63/.

Für die Konstruktion von Werkzeugen zur automatischen Montage der n.f.l. Bauteile sind in der Regel Neukonstruktionen durchzuführen. Bereits vorhandene Lösungen, die auf deformierbare Bauteile mit geänderten geometrischen Abmessungen angepaßt werden können, gibt es kaum.

Ziel der Konstruktionsmethodik ist es, entsprechend den gestellten Anforderungen an ein Produkt eine möglichst optimale Lösung zu finden. Oft bestehen grundsätzliche Widersprüche in den Forderungen, die an das Produkt gestellt werden, so daß es Aufgabe der Konstruktion ist, einen sinnvollen Kompromiß zu finden.

Der Konstruktionsprozeß gliedert sich in vier Phasen und wird in /58/ ausführlich beschrieben:

1. Planen,

2. Konzipieren,

3. Entwerfen,

4. Ausarbeiten.

Bild 4.1 stellt die wichtigsten Arbeitsschritte und die daraus resultierenden Ergebnisse vor.

Phase	Arbeitsschritte	Arbeitsergebnisse
Planen	Aufgabe Klären und präzisieren der Aufgabenstellung	**Anforderungsliste**
Konzipieren	Ermitteln von Funktionen und deren Strukturen	Art des Hauptumsatzes Art der Nebenumsätze Gesamtfunktion Teilfunktion **Funktionsstruktur**
	Suchen nach Lösungsprinzipien und deren Strukturen	vorhandene oder käufliche Lösungen Energiearten physikalische Effekte Wirkbewegung, -fläche, -räume **Konzept**
Entwerfen	Gliedern in realisierbare Module	**Baustruktur**
	Gestalten der maßgebenden Module	Baugruppen, Einzelteile Fertigungsart Verbindungsverfahren **Vorentwürfe**
	Gestalten des gesamten Produktes	Formen, Abmessungen Oberflächen, Toleranzen Werkstoffe **Gesamtentwurf**
Ausarbeiten	Ausarbeiten der Ausführungs- und Nutzungsangaben Weitere Realisierung	Teilzeichnungen Unterlagen für Betrieb, Instandhaltung Montieren **Produktdokumentation**

Bild 4.1:   Konstruktionsmethodische Vorgehensweise nach VDI 2221 /58/

Eine Aufgliederung der Aufgabenstellung in Teilaufgaben kann vorteilhaft zur Lösungsfindung eingesetzt werden. Die Komplexität der Aufgabenstellung kann bei sinnvoller Wahl der Aufgabenstrukturierung wesentlich vereinfacht werden.

Zur Durchführung der verschiedenen Tätigkeiten der in der Konstruktionsmethodik dargelegten Arbeitsschritte wurden eine Reihe von Hilfsmitteln, Methoden und Verfahren erarbeitet /58/. Aus der großen Anzahl der Methoden kann dabei entnommen werden, daß keine der Methoden alleine zur Ausarbeitung der Arbeitsschritte herangezogen werden kann und für jede Aufgabenstellung geeignet ist.

Zur montagegerechten Gestaltung der Produkte werden als Hilfsmittel vornehmlich Gestaltungsregeln und Bewertungsverfahren eingesetzt. Die Gestaltungsregeln, bzw. Konstruktionskataloge sind oft spezifisch für einzelne Montagearten oder Produktspektren ausgelegt und entweder als Richlinien schriftlich niedergelegt oder in Form von Beispielsammlungen bildlich dargestellt /64, 65/.

4.1.1 Eignung der Konstruktionsmethodik

Nach der Erläuterung der allgemeinen Konstruktionsmethodik ist deren Eignung zu überprüfen, inwieweit mit ihr bereits während der Produktkonstruktion die Gesichtspunkte der automatischen Montage Berücksichtigung finden. Hierzu ist sinnvollerweise die Produktkonstruktion und die Betriebsmittel- (Werkzeug-) konstruktion getrennt zu betrachten.

Für die Konstruktion eines Werkzeuges ist diese Methodik sehr gut einsetzbar, wenn bereits genügend funktionelle Vorgaben (z.B. Beschaffenheit, Gestaltung, etc. des nicht formstabilen Bauteiles und des Montagepartners) von Seiten der Produktkonstruktion vorliegen. Die Lösungssuche kann sinnvollerweise durch eine Strukturierung der Gesamtaufgabe in Teilaufgaben unterstützt werden. Die Funktionalität und die Zuverlässigkeit des Werkzeuges hängt dabei wesentlich von den Vorgaben ab, die bei der Konstruktion des Produktes entstanden sind.

Zur Konstruktion des Produktes, darunter ist bei der konkreten Aufgabenstellung primär das n.f.l. Bauteil und der Montagepartner zu verstehen, eignet sich diese Methodik zwar, jedoch greifen die bisherigen Gestaltungsregeln erst gegen Ende des Konstruktionsprozesses in der Entwurfsphase. Das n.f.l. Bauteil und der Montagepartner sind dann durch die bereits abgeschlossene Konzeptphase weitestgehend festgelegt, so daß kaum noch die Möglichkeit besteht - unter dem Gesichtspunkt des schwer zu kalkulierenden Montageverhaltens der n.f.l. Bauteile - durch eine gestaltliche Einflußnahme die Vorraussetzungen für eine schnelle, kostengünstige und zuverlässige automatische Montage zu schaffen.. Diese relativ späte Einflußnahme auf den Konstruktionsprozeß hat dabei entscheidende Nachteile zur Folge:

- Das Produktkonzept und damit auch die funktionellen Vorgaben an das Montagewerkzeug sind weitestgehend festgelegt.

- Die Beispielsammlungen stellen oft die zu bevorzugende Lösung nur unzureichend kommentiert vor, ohne auf die Folgen für das Werkzeug und die daraus resultierenden konstruktiven Vereinfachungen einzugehen.

- Die in der Konstruktionsmethodik vorgesehene Iterationsschleife, die unter dem Gesichtspunkt einer verbesserten Lösungsfindung einen Rücksprung in eine frühere Konstruktionsphase erlaubt, ist durch die späte Einflußmöglichkeit zeitintensiv und wird daher oft nicht durchgeführt.

Es ist demzufolge bereits in der Konzeptphase der Produktkonstruktion nötig, die Anforderung einer automatischen Montage verstärkt zu berücksichtigen. Hierfür sind durch umfangreiche praktische Erfahrungen geeignete konzeptionelle Regeln auszuarbeiten, die bereits vor der eigentlichen gestaltbestimmenden Entwurfsphase Einfluß auf die Produktkonzeption nehmen. Dadurch können bereits frühzeitig Hinweise an die Montageplanung erfolgen, die eine Konzeption des Fügewerkzeuges und eine erste Abschätzung des Automatisierungsaufwandes vornehmen kann. Die dabei gewonnenen Erkenntnisse der Montageplanung können somit frühzeitig zur Korrektur des Produktkonzeptes herangezogen werden.

In der Entwurfsphase, die der Konzeptphase nachfolgt, können spezielle Gestaltungsregeln die montagegerechte Gestaltung des Produktes (Montagepartner und n.f.l. Bauteil) unterstützen. Dennoch liegt es in der Natur der n.f.l. Bauteile, daß die Einhaltung von Gestaltungsregeln alleine keine Garantie für eine zuverlässige automatische Montage ist und eine gestaltliche bzw. materialmäßige Feinabstimmung mit der Montageplanung nötig macht.

Unter spezieller Berücksichtigung einer automatischen Montage eignet sich die allgemeine Konstruktionsmethodik demzufolge vom Ansatz her auch für die schwierig zu montierenden n.f.l. Bauteile. Sie ist allerdings um konzeptionelle Regeln zu erweitern, die es bereits frühzeitig in der Konzeptphase gestatten, günstig auf die montagegerechte Konzeption des Produktes Einfluß zu nehmen.

4.1.2 Ansätze zur Integration von Produktkonstruktion und Montageplanung (bzw. Betriebsmittelkonstruktion)

Da die montagegerechte Gestaltung nicht alleine durch die Aufstellung und Anwendung von Beispielsammlungen möglich ist, wurden bereits verschiedene Ansätze unternommen eine zeitlich parallele Bearbeitung von Produktkonstruktion und Montageplanung durchzuführen /66, 67, 68, 69, 70/.

Bäßler /69/ stellte fest, daß durch die bisherigen - meist speziell für ein Produkt - entwickelten Gestaltungsregeln frühestens in der Entwurfs- bzw. in der Gestaltungsphase der allgemeinen Konstruktionsmethodik positiv auf die montagegerechte Gestaltung des Produktes eingewirkt werden kann. In der Planungs- und Konzeptphase, die einen wesentlichen Einfluß auf die montagegerechte Produktgestaltung haben, sind diese Regeln nicht einsetzbar. Sein Ansatz schlägt die Berücksichtigung der Montagegerechtheit bereits in der Planungs- und Konzeptionsphase vor. Dieser Ansatz, der aus der allgemeinen Konstruktionsmethodik gewissermaßen eine spezielle montagegerechte Konstruktionsmethodik als Ergebnis hat, wurde von ihm umfassend erarbeitet. Dabei wurden als wesentliche Hilfsmittel allgemeine Gestaltungsregeln und Bewertungsverfahren angegeben, die bereits in der Konzeptphase eine montagegerechte Lösungsfindung ermöglichen und eine Aussage über die Montagegerechtheit der Funktionsstruktur des zu gestaltenden Produktes zulassen.

Während in /69/ allgemein die Integration der montagegerechten Produktgestaltung in den Konstruktionsprozeß ohne Rechnereinsatz - dafür aber umfassend - aufgezeigt wird, werden in /67/ konkrete Einsatzmöglichkeiten von Rechnern beschrieben. Ein wesentlicher Vorteil des Rechnereinsatzes ist die durchgängige Nutzung einmal erzeugter Daten in allen Unternehmensbereichen im Sinne einer rechnerintegrierten Fabrik (CIM) und dadurch die Vermeidung von Redundanz, Übertragungsfehlern, Dateninkonsistenz und Zeitverlusten. Ein weiterer Vorteil ergibt sich durch die zeitlich parallele Bearbeitung von Konstruktion und Planung, die durch rechnergestützte Verfahren eine schnelle, gezielte und aussagekräftige Aufbereitung der Daten ermöglicht. Für die konstruktive und planerische Bearbeitung von komplexen Produkten (hierunter werden Produkte großer Teileanzahl verstanden) ist die Aufstellung eines Montagevorranggraphen wesentlich. Die rechnerische Aufstellung des Montagevorranggraphen, der eine Bewertung verschiedener Produktstrukturen in einem frühen Stadium des Konstruktionsprozesses erlaubt, und die Aktualisierung und Konzentration der anfallenden Daten auf eine CAD-Datenbank ist der zentrale Inhalt der Arbeit.

Ein gänzlich anderer Integrationsansatz wird in /70/ vorgeschlagen. Die bisher genannten Ansätze gehen von der derzeitigen Planungsabfolge aus, die von einer Grobplanung über die Detailplanung bis zur Realisierung und Betrieb der Anlage führt. Dabei werden bereits in der Grobplanung Taktzeit- und Kostenabschätzungen durchgeführt, ohne daß detaillierte Montagestationen, noch genaue Angaben über die Produktgestalt vorliegen. Voraussetzung dieses bisherigen Ansatzes ist es jedoch, daß es sich um überschaubare und erfahrungsbedingt kalkulierbare Montageprozesse handelt. Bei komplizierten Montageprozessen, in denen kein oder ein nur unzureichender Erfahrungsschatz vorliegt, liegt die Streubreite einer Kalkulation außerhalb des tolerierbaren Bereiches der Grobplanung. Es müssen daher erst zeitaufwendige Versuche an Pilotstationen durchgeführt werden, die eine termingerechte Bearbeitung allerdings nicht mehr gestatten.

Aus den o.g. Nachteilen des derzeitigen Planungsablaufes wird in /70/ als Ausgangspunkt für die Automatisierung die Prozeßfindung gesetzt. Denn erst das Verständnis der einzelnen Füge- und Handhabungsprozesse erlaubt es, eindeutige Beziehungen zwischen Bauteilgestalt und Montageprozeß anzugeben. Zur Vereinfachung der Prozeßfindung werden rechnergestützte Hilfsmittel, bei den nicht formstabilen Bauteilen insbesondere die Finite-Elemente-Methode, eingesetzt. Die Darstellung der Montageaufgabe erfolgt durch eine geeigente Modellbildung, mit der eine weitgehend vollständige physikalische Beschreibung und Simulation des Fügeprozesses möglich ist. Unterstützt wird die

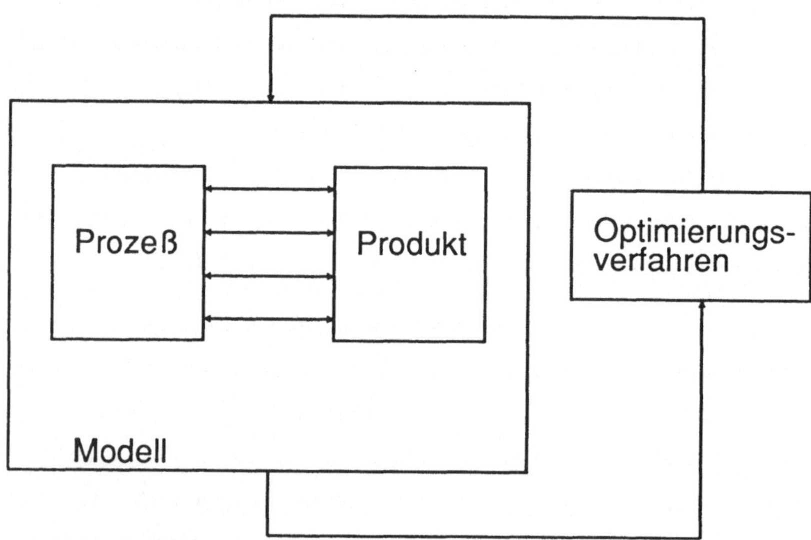

Bild 4.2:   Prozeß-/Produktoptimierung /70/

Lösungsfindung durch eine Reihe verschiedener Optimierungsverfahren, die abhängig von der jeweiligen Aufgabenstellung und dem verwendeten Simulationsmodell eingesetzt werden. Das Ziel der Optimierungsverfahren besteht dabei in der schnellen, rechnergestützen Herleitung eines bestmöglichen Kompromisses zwischen funktionalen und montageorientierten Gesichtspunkten (Bild 4.2).

4.1.3 Eignung der Integrationsansätze

Die o.g. Integrationsansätze, die sich gegenseitig ergänzen, können gemäß ihrer Zielrichtung im wesentlichen in zwei unterschiedliche Gruppen eingeteilt werden. In der einen Gruppe besteht das Hauptziel darin, eine montagegerechte Produktstruktur herzuleiten. Die zentrale Problemstellung zur Lösung dieser Montageaufgabe liegt dabei in der Bildung von Montagebaugruppen und in der Ermittlung der optimalen Montagereihenfolge (Montagevorranggraph) der großen Anzahl von Einzelteile. Der Fügeprozeß der Einzelteile ist von untergeordneter Bedeutung, da in der Regel von einfachen Fügeverfahren ausgegangen wird.

In der anderen Gruppe wird insbesondere der Fügeprozeß selbst als zentrale Aufgabenstellung angesehen. Denn nicht jedes Einzelteil, vor allem ein deformierbares Bauteil, kann durch einfache Fügeverfahren (z.B. Verwendung von Schnellbefestigungselementen) automatisch und zuverlässig montiert werden. In diesem Fall ist zunächst das Fügeverfahren abzuklären, bevor mit der Festlegung der Montagereihenfolge fortgefahren werden kann. Da vor allem bei der automatischen Montage der n.f.l. Bauteile Unwissenheit in Bezug auf den Fügevorgang vorherrscht, erscheint der Ansatz, den Fügeprozeß als Ausgangspunkt für die Automatisierung zu setzen, als sinnvoll. Vorteilhaft ist dabei, daß durch die Verwendung von rechnergestützten Simulationsmodellen aufwendige und zeitintensive Pilotaufbauten entfallen können.

Der wesentliche Nachteil dieses Ansatzes besteht momentan noch darin, daß die derzeitig zur Verfügung stehenden rechnergestützen Hilfsmittel eine vollständige Bearbeitung des Montageproblems und damit eine schnelle Ausarbeitung des Lösungskonzeptes nicht zulassen. Es sind weiterhin zur Erweiterung des Erfahrungsschatzes über den Fügeprozeß neben der rechnergestützen Simulation praktische Prinzipversuche durchzuführen bevor bewertende bzw. vergleichende Aussagen über die montagegerechte Gestaltung des Produktes gemacht werden können. Die praktischen Prinzipversuche als auch die rechnergestützte Simulation kommen dabei erst in der Feingestaltung des Produktes bzw. des Montagewerkzeuges zum Einsatz. Eine Kontrolle und Bewertung ist daher erst sehr spät im Konstruktionsprozeß möglich.

Frühere Einflußmöglichkeiten schon während der Konzeptphase könnten von vorneherein die Vielfalt der theoretisch möglichen Fügeverfahren einschränken. Die gestaltliche Optimierung von Produkt und Montagewerkzeug ist nach dieser ersten Einschränkung schneller durchführbar. Die Integration solcher Bewertungsverfahren in die Konstruktionsmethodik wurde bereits in /69/ hinreichend erläutert. Als Hilfsmittel kommen dabei insbesondere Gestaltungsregeln in Frage, die die Lösungsvielfalt bereits in der Konzeptphase frühzeitig einschränken.

4.2 Analyse von Modellen zur Fügeprozessimulation

Bevor mit der Herleitung einer speziellen Konstruktions- und Planungsmethodik für die n.f.l. Bauteile begonnen wird, sind zunächst die Möglichkeiten derzeitiger, den Fügeprozeß beschreibender Simulationsmodelle aufzuzeigen, um sie dann in die Planungsmethodik sinnvoll einzufügen.

Mit Hilfe eines CAD-Systems sind z.B. zu Simulationszwecken die einzelnen Bewegungsabfolgen bei der Fügebewegung darstellbar /52/. Dabei werden mit dem CAD-System über Transformationsfunktionen die zu fügenden Teile aufeinander zu bewegt, bis der Fügevorgang abgeschlossen ist. Der Vorteil dieses Hilfsmittels besteht darin, daß auf die gleiche Datenbasis zugegriffen werden kann, die für die weiteren Konstruktionen von Werkzeug, etc. Verwendung findet, und keine Datentransformationen mit einem anderen System durchgeführt werden müssen. Geometrieänderungen sowohl an den n.f.l. Bauteilen, den Montagepartnern als auch an den Werkzeugen können ohne größeren Aufwand durchgeführt werden. Als nachteilig ist jedoch festzustellen, daß das Formänderungsverhalten der n.f.l. Bauteile zwar aufwendig dargestellt aber nicht real wiedergegeben werden kann.

Wie bereits erwähnt, hat die Gestaltung der n.f.l. Bauteile einen wesentlichen Einfluß auf den Fügevorgang. Insbesondere die Steifigkeit des Bauteiles wirkt sich entscheidend auf die automatische Montage aus. Durch die rechnerische Ermittlung von Massenträgheitsmomenten und deren Hauptträgheitsachsen am CAD-System ist eine hinsichtlich Verformung steife Gestaltung des n.f.l. Bauteiles möglich. Die Vorteile dieses Modells sind dabei:

- Es sind keine zusätzlichen vorbereitenden Tätigkeiten zur Ermittlung der Flächenträgheitsmomente nötig.

- Der Zugriff auf die durch die Konstruktion bereits vorhandenen geometrischen Daten ist möglich.

- Die Rechenfunktionen zur Ermittlung der Flächenträgheitsmomente sind in den meisten CAD-Systemen implementiert.

- Die Änderungen an der Geometrie sind schnell mit dem CAD-System durchführbar.

- Die zeit- und kostenaufwendige Herstellung von Musterteilen kann zum Vergleich mit anderen Geometrien entfallen.

Die Berechnung und Darstellung der Massenträgheitsmomente kann allerdings die Simulation des Fügeprozesses nicht ersetzen. Lediglich Hinweise auf das voraussichtliche Verformungsverhalten der Bauteile können erhalten werden.

Wesentlich geeigneter für die Simulation ist die Finite-Elemente-Methode
(FEM) /22, 56, 70, 71, 72, 73, 74/. Mit dieser Methode ist der gesamte Fügevorgang in seinen einzelnen zeitlichen Phasen darstellbar. Das nicht formstabile
Werkstoffverhalten der Bauteile kann durch geeignete Stoffgesetze erfaßt und
mit Hilfe der FE-Methode bei der Simulation der Fügebewegung berücksichtigt
werden. Verformungen des Bauteiles, die während der Fügebewegung auftreten
und den Fügefortschritt wesentlich beeinflussen, gehen bei diesem Berechnungsverfahren mit in das Ergebnis ein. Als Ergebnisse können unter anderem (Bild
4.3) die Fügekraft und die Bauteilverformung dargestellt werden. Die größte
Einschränkung bei der Simulation des Fügevorgangs von deformierbaren Bau-

Darstellungsmöglichkeiten der Ergebnisse

- verformte Strukturen

- unverformte Strukturen

- Spannungen (Vergleichsspannungen, in Hauptachsrichtung)

- Druckverteilung

- Knotenkräfte (Absolut, in Hauptachsrichtung)

- Reaktionskräfte

- Knotenverschiebungen

- 2-dimensionale Diagramme (z:B. Kraft-Weg-Diagramme))

Bild 4.3:   Darstellungsmöglichkeiten der Ergebnisse

teilen mit der Finite-Elemente-Methode ergibt sich dadurch, daß sie bisher nur
an wenigen Beispielen, so bei der Fügeproblematik bei Schläuchen, Auslegung
von Schnellbefestigungselementen und bei flächigen deformierbaren Bauteilen
eingesetzt wurden /73, 74, 75, 76/. Inwieweit dieses rechnergestützte Simula-
tionsverfahren für andere Problemstellungen, bei denen andere n.f.l. Bauteile
gefügt werden sollen, anwendbar ist, ist bisher nicht abgeklärt. Fest steht, daß
das physikalische Verhalten nicht immer vollständig wiedergegeben werden

kann. Die Simulation des Fügevorganges kann daher alleine keine Grundlage für die Konstruktion des nicht formstabilen Bauteils, des Montageparnters und des Montagewerkzeuges sein. Ein weiterer Nachteil besteht darin, daß zur Berechnung des Fügeprozesses das Fügeverfahren und die grobe Gestaltung der am Montageprozeß beteiligten Komponenten (Werkzeug, Montagepartner, deformierbares Bauteil) vorgegeben sein muß. Eine Bewertung und eventuell eine Verbesserung der vorgeschlagenen Konstruktion ist damit zwar möglich, gänzlich neue Konzepte, die einer montagegerechten Gestaltung entgegenkommen, sind damit nicht zu finden.

Die Finite-Elemente-Methode kann somit als ein bewertendes Verfahren angesehen werden, das eine gestaltliche Verbesserung eines bestehenden Konstruktions- und Planungskonzeptes erlaubt. Innerhalb der Gestaltungsphase kann sie einen unterstützenden Beitrag zum Konstruktionsprozeß leisten und das Wissen über den Fügevorgang erweitern.

4.3 Vorgehensweise bei der Lösungsfindung

Die Analyse der bisherigen Vorgehensweisen und der derzeit zur Verfügung stehenden Modelle zur Simulation der Fügeprozesse zeigt, daß für die Automatisierung der n.f.l. Bauteile keine maßgeschneiderte Vorgehensweise zur Verfügung steht. Es soll nun ausgehend von den o.g. Ansätzen eine für diese Aufgabenstellung spezielle Vorgehensweise entwickelt werden.

Ziel der Vorgehensweise ist es, eine methodische und in einzelne Phasen gegliederte Konstruktion der n.f.l. Bauteile und der dazugehörigen Montagepartner unter ständiger Berücksichtigung der daraus resultierenden Auswirkungen auf die Konstruktion des Montagewerkzeuges zu ermöglichen.

Die Konstruktionen dieser eben genannten Komponenten sind dabei so aufeinander abzustimmen, daß die Möglichkeit einer zuverlässigen und kostengünstigen automatische Montage besteht.

Bevor mit der Herleitung einer methodischen Vorgehensweise begonnen wird, ist die montagegerechte Konstruktion der n.f.l. Bauteile in den Ablauf der Produktkonstruktion einzuordnen. Bei komplexen technischen Gebilden lassen sich die Konstruktionsphasen oft nicht eindeutig voneinander abgrenzen, da in mehreren Ebenen gearbeitet wird /63/ (Bild 4.4). So muß beispielsweise bei der

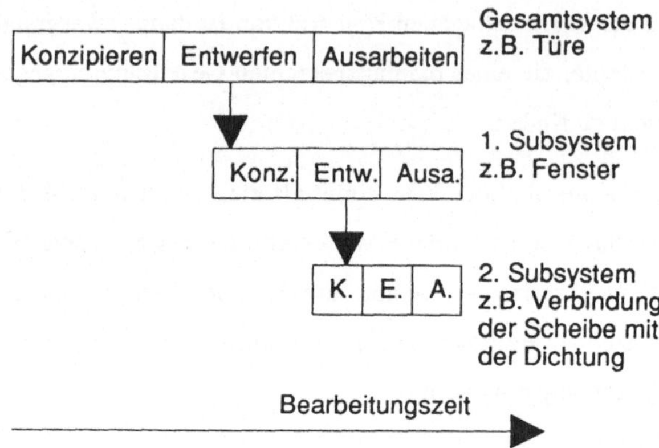

Bild 4.4: Verschachtelung der Konstruktionsphasen Konzipieren, Entwerfen und Ausarbeiten /63/

Ausarbeitung einer Pkw-Türe ein montagegerechtes Konzept für eine Verbindung zwischen der nicht formstabilen Scheibendichtung und der Fensterscheibe gefunden werden. Die Umgebungsbauteile des n.f.l. Bauteils (im Fallbeispiel die Scheibendichtung) sind durch die Konzeption der Türe bereits vorgegeben (Türrahmen und Fenster). Die montagegerechte Gestaltung der n.f.l. Bauteile (Scheibendichtung) ist daher im Gesamtsystem (Türe) als Anpassungskonstruktion anzusehen, wobei innerhalb des Gesamtsystems (Türe) die Montagegerechtheit durch eine konzeptionelle Festlegung der Verbindung zu erzielen ist. Mit der Konzeption der Verbindung erfolgt die Festlegung des Fügeverfahrens, wodurch der Bezug zur Werkzeugkonstruktion hergestellt wird. So kann der Halt zwischen der Scheibe und der Dichtung z.B. durch eine Klebeverbindung oder durch einen Preßsitz erreicht werden.

Welche Fügeverfahren auszuwählen sind, richtet sich dabei nicht alleine nach der Erfüllung der Festigkeitsanforderungen, die an die Verbindung des zu konstruierenden Produktes gestellt werden, sondern werden ebenso von den Möglichkeiten der Werkzeugkonstruktion beeinflußt. Die Erfahrungen eines Montageplaners oder auch geeignete Konstruktionsregeln können dabei die Lösungssuche und die Auswahl montagefreundlicher Konzepte bei der Produktkonstruktion frühzeitig festlegen und vereinfachen.

Ist das Fügeverfahren bestimmt, erfolgt in der Produktkonstruktion die Gestaltungsphase. Dabei sind gemäß der allgemeinen Konstruktionsmethodik zunächst die Grobgestaltung und anschließend die Feingestaltung des n.f.l. Bauteiles und dessen Montagepartner durchzuführen. Da sowohl die Grobgestaltung als auch die Feingestaltung die Konstruktion des Montagewerkzeuges stark beeinflussen, sind neben anderen funktionalen Anforderungen auch montagetechnisch günstige Gestaltungsregeln zu berücksichtigen. Die Gestaltungsregeln sind dabei mit der Konstruktion des Montagewerkzeuges in Einklang zu bringen. Spezielle Gestaltungsregeln, die auf die n.f.l. Bauteile ausgelegt sind, helfen dem Produktkonstrukteur bei der Lösungssuche und bei der Auswahl.

Für die Lösungsauswahl ist es dabei günstig, Gestaltungsregeln aufzustellen, die die Auswirkungen auf die Konstruktion des Werkzeuges veranschaulichen.

Dem Vorteil der erleichterten Lösungsfindung steht allerdings der Nachteil gegenüber, daß diese Gestaltungsregeln lediglich Hinweise für eine montagegerechte Gestaltung geben. Dies alleine reicht allerdings insbesondere für kritische Bauteile, über die bislang nur wenig Montageerfahrungen vorliegen, nicht aus, um eine automatische Montage sicherzustellen.

In solchen Fällen ist eine Überprüfung des Fügeprozesses, sei es in Form einer Simulation des Montagevorganges mit Hilfe der Finiten-Elemente-Methode oder durch einfache Prinzipversuche ratsam. Das Wissen über den Fügeprozeß ist so in kurzer Zeit und mit geringem Aufwand zu erweitern. Die daraus gewonnenen Erfahrungen helfen dabei frühzeitig, eine konstruktive Fehlentwicklung des Produktes zu vermeiden und führen zu einer montagefreundlichen Gestaltung.

Die Prinzipversuche und die Finite-Elemente-Simulation können dabei in gleicher Weise für die Grobgestaltung als auch für die Feingestaltung des Produktes und des Montagewerkzeuges eingesetzt werden. Aufgrund der schnelleren Bearbeitung von Fügeprozeßuntersuchungen durch die Finite-Elemente-Methode ist diese dem Prinzipversuch, der die Fertigung von zum Teil kostenintensiven Prototypen abwarten muß, vorzuziehen. Des weiteren besteht bei der rechnergestützten Simulation durch die Finite-Elemente-Methode die Möglichkeit des Datenverbundes zu anderen Systemen (CAD-System, Expertensystem, etc.), wodurch einmal erzeugte Daten in anderen Systemen wiederverwendet werden

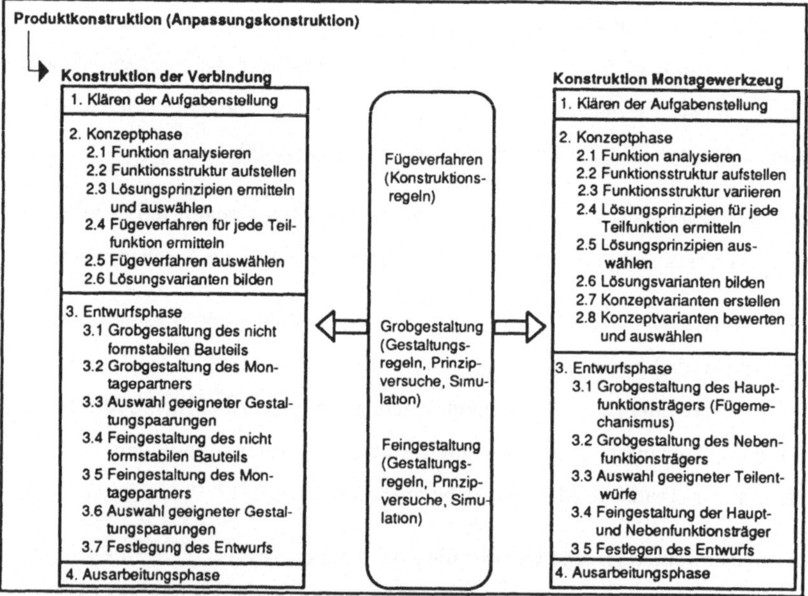

Bild 4.5: Planerische Vorgehensweise zur Automatisierung der Montage von nicht formstabilen, langgestreckten Bauteilen

können. Da die Finite-Elemente-Methode allerdings nicht uneingeschränkt einsetzbar ist (siehe Kapitel 6), haben die Prinzipversuche nach wie vor ihre Einsatzberechtigung.

Einen Überblick über die methodische Vorgehensweise zur Konstruktion montagefreundlicher nicht formstabiler Bauteile und zur Planung einer automatischen Montage gibt Bild 4.5.

Während bei anderen Planungsaufgaben für ein bereits konstruiertes Produkt weitestgehend fertige Werkzeuge (Greifer, Schrauber, Nietgerät, etc.) vorliegen und sich der Planungsaufwand lediglich auf die richtige Auswahl beschränkt, so bedarf es bei der Montageplanung von n.f.l. Bauteilen der gleichzeitigen Konstruktion von Produkt und Montagewerkzeug, die in wechselseitiger Abstimmung durchzuführen sind. Diese Abstimmung erfolgt zeitlich sinnvollerweise in den Konstruktionsphasen des Produktes (bzw. des Subsystems Verbindung), in denen gleichzeitig die Anforderungen an das Montagewerkzeug festgelegt werden. Für die n.f.l. Bauteile geschieht dies bei der Festlegung der:

- Fügeverfahren,

- Grobgestaltung,

- Feingestaltung.

In der Konzeptionsphase bestimmen bei den n.f.l. Bauteilen im wesentlichen die Fügeverfahren, mit welchem Montageprinzip die Verbindung herzustellen ist. In dieser recht abstrakten Phase des Konstruktionsprozesses wird bereits das Verfahren, mit dem das Montagewerkzeug arbeitet, festgelegt. Durch die zeitlich frühe Abstimmung, die durch konzeptbeeinflussende Regeln Unterstützung findet, ist zwischen der Produktkonstruktion (im speziellen die Konstruktion der Verbindung) und der Montageplanung die Aufstellung eines Konzeptes möglich, das die Voraussetzung für eine montagegerechte Gestaltung liefert.

In der Entwurfsphase nehmen zunächst die Grobgestaltung später die Feingestaltung des Produktes Einfluß auf seine Montageeignung. Konstruktions- und Gestaltungsregeln, der Einsatz der Finite-Elemente-Methode und die Durchführung von Prinzipversuchen unterstützen dabei den wechselseitigen Informationsaustausch zwischen der Produkt- und der Montagewerkzeugkonstruktion, so daß ein optimaler Kompromiß zwischen der Funktionalität des Produktes und der Automation der Montage zu finden ist.

5 Gestaltungsregeln und Konstruktionskataloge

Aufbauend auf die in Kapitel 4 vorgestellte methodische Vorgehensweise zur Planung einer automatischen Montage von n.f.l. Bauteilen sind im folgenden geeignete Gestaltungsregeln und Konstruktionskataloge vorzustellen, die zum einen eine montagegerechte Gestaltung des Produktes (n.f.l. Bauteil, Montagepartner) und zum anderen eine methodische Konstruktion des Werkzeuges gewährleisten sollen. Die Folgen der produktspezifischen Gestaltungsregeln und der Konstruktionskataloge auf die Automation sind dabei besonders gründlich zu veranschaulichen, da sie die Konstruktion des Werkzeuges und damit dessen Eignung für die konkrete Fügeaufgabe wesentlich bestimmen.

Nach einer Klärung der in diesem Kapitel verwendeten Begriffe und Definitionen erfolgt gemäß der methodischen Vorgehensweise bei der Produktkonstruktion die Darstellung der Gestaltungsregeln für:

- das Fügeverfahren,

- die Gestaltung des Montagepartners,

- die Gestaltung des n.f.l. Bauteiles.

Zur Komplettierung der Planungsaufgabe werden im Anschluß daran spezielle Konstruktionskataloge vorgestellt, die eine schnelle und zuverlässige Konstruktion der Werkzeuge ermöglichen.

5.1 Begriffe und Definitionen

Neben einer klaren Vorgehensweise ist die eigentliche Lösungsfindung entscheidend für eine montagegerechte Gestaltung. In der VDI-Richtlinie 2221 /58/ werden einige Methoden zur Lösungsfindung vorgestellt. In der Praxis haben sich als Methoden zur Lösungsfindung Gestaltungsregeln bzw. Konstruktionskataloge bewährt /59, 69/. Für die Automatisierung der n.f.l. Bauteile werden im folgenden solche Kataloge entwickelt.

Unter **Gestaltungsregeln** werden im folgenden vornehmlich in Worten ausgedrückte Regeln verstanden, deren Einhaltung die montagegerechte Gestaltung des Bauteiles fördert. Die Regeln beinhalten dabei nicht nur geometrische Informationen oder Richtlinien, wie sie hauptsächlich in der Gestaltungsphase der Produktkonstruktion benötigt werden, sondern enthalten ebenso Angaben allgemeiner Art, die zu einer montagegerechten Gestaltung hinführen.

Die Konstruktionskataloge stellen gewissermaßen mehr oder weniger spezielle Wissenssammlungen dar, aus denen während des Konstruktionsablaufs neue Informationen oder gar fertige Lösungen entnommen werden können. Roth /59/ definiert den Begriff folgendermaßen:

Konstruktionskatalog ist ein für die Konstruktion nutzbarer, außerhalb des Gedächtnisses, meist in Tabellenform vorliegender Wissensspeicher, der nach methodischen Gesichtspunkten erstellt wird, innerhalb eines gegebenen Rahmens weitestgehend vollständig sowie systematisch gegliedert ist. Er ermöglicht einen gezielten Zugriff auf seinen Inhalt und besteht aus einem Gliederungs-, einem Haupt- und einem Zugriffsteil und gegebenenfalls aus einem Anhang.

In den nachfolgenden Kapiteln werden spezielle Gestaltungsregeln und Konstruktionskataloge für Teilbereiche der automatischen Montage von n.f.l. Bauteilen erstellt. Die aufgestellten Konstruktionskataloge haben keinen Anspruch auf Vollständigkeit, vielmehr ist es das Ziel, für die spezielle Aufgabenstellung alle sinnvoll erscheinenden Möglichkeiten zu erfassen und damit eine überschaubare Lösungsmenge bereitzustellen.

Da die im folgenden vorgestellten speziellen Lösungsfindungen ausschließlich auf die Montagegerechtheit bei den n.f.l. Bauteilen ausgerichtet sind, sei allgemein auf die in VDI 2221 /58/ aufgeführten allgemeineren Methoden zur Lösungsfindung hingewiesen.

5.2 Ansätze für automatisierungsgerechte Fügeverfahren

Bevor eine Aufstellung von geeigneten Fügeverfahren oder Funktionsstrukturen beim Fügen erfolgen kann, sind zunächst die Versagensfälle und die Einsatzhemmnisse bei der automatischen Montage von n.f.l. Bauteilen festzustellen und zu analysieren.

5.2.1 Analyse der Versagensfälle und Einsatzhemmnisse bei der automatischen Montage von nicht formstabilen Bauteilen

Bei der Betrachtung von häufig auftretenden Versagensfällen sind im wesentlichen folgende Fehler festzustellen:

- Längendehnung des n.f.l. Bauteils,

- Beschädigungen am n.f.l. Bauteil,

- zwangsweises Ausweichen des im Werkzeug geführten n.f.l. Bauteils.

Alle diese o.g. Versagensfälle lassen sich dabei - in Anbetracht des forminstabilen Verhaltens der Bauteile - im wesentlichen auf zu hohe Fügekräfte zurückführen. Technische Ansätze, die diese Versagensfälle trotz der hohen Fügekräfte vermeiden sollen, führen oftmals zu Lösungen, die weitere Einsatzhemmnisse verursachen:

- erhöhte Investitionskosten, durch stärker ausgelegte Handhabungseinrichtungen,

- kostenintensive Werkzeuge mit erhöhtem Planungsaufwand,

- geringere Montagegeschwindigkeiten im Vergleich zur manuellen Montage.

In Anbetracht dieser Erkenntnisse ist es daher günstig, hohe Fügekräfte bei der automatischen Montage der n.f.l. Bauteile zu vermeiden. Dies gilt umso mehr, je forminstabiler das Verhalten dieser Bauteile zur Erfüllung der konstruktiven Anforderungen (Dichtheit, elastischer Toleranzausgleich, etc.) auszulegen ist.

Unter den bisher eingesetzten Fügeverfahren für n.f.l. Bauteile (siehe Kapitel 3; Bild 3.1) weist vor allem das Fügeverfahren "Fügen durch Preßverbindung" (Bild 5.1) hohe Fügekräfte auf. Diese hohen Fügekräfte stehen dabei insbesondere bei kraftschlüssigen Verbindungen im direkten Zusammenhang mit der aufzubringenden Vorspannkraft, die ein Maß für die Dichtheit und die Festigkeit der Verbindung darstellt. Niedrigere Fügekräfte würden demzufolge zu einer geringeren Vorspannkraft und damit zu einer unzulässig schwachen kraftschlüssigen Verbindung führen.

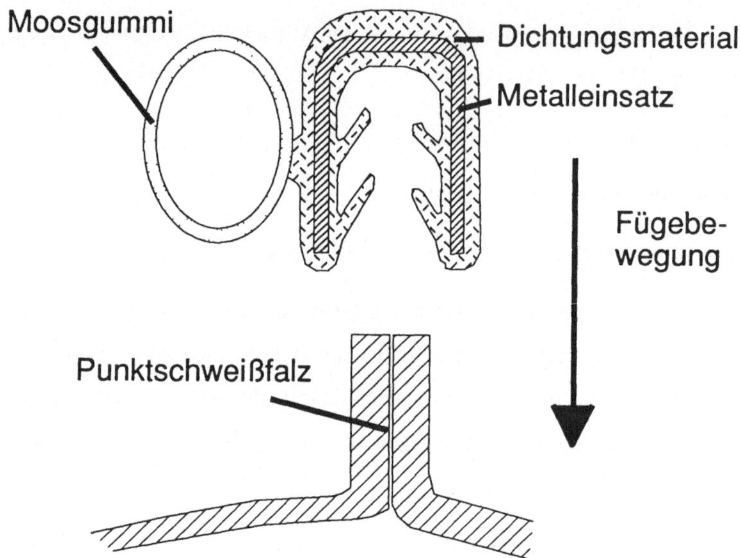

Bild 5.1:   Konventionelles Fügeverfahren: "Fügen durch Preßverbindung"

Zur Lösung der Problemstellung, mit niedrigen Fügekräften eine gute kraftschlüssige Verbindung zu erreichen, kann die allgemeine Konstruktionsmethodik mit ihren Ansätzen zur Aufstellung und Variation einer Funktionsstruktur dienen. Analysiert man den Fügevorgang "Fügen durch Preßverbindung", so kann dieser ebenso durch eine Funktionstrennung [Aufpressen (Fügen durch Preßverbindung) --> Auflegen (Fügen durch Zusammensetzen) + Verpressen (Fügen durch Umformen)] realisiert werden (Bild 5.2). Mit dem Auflegen erfolgt zunächst die relative Positionierung des n.f.l. Bauteils zum Montagepartner. Es treten nur geringe Fügekräfte auf, wodurch Längendehnungen am Bauteil verhindert werden. Durch das anschließende Verpressen des einvulkanisierten Blechteils können die nötigen Vorspannkräfte gezielt ohne Längendehnung aufgebracht werden /77/.

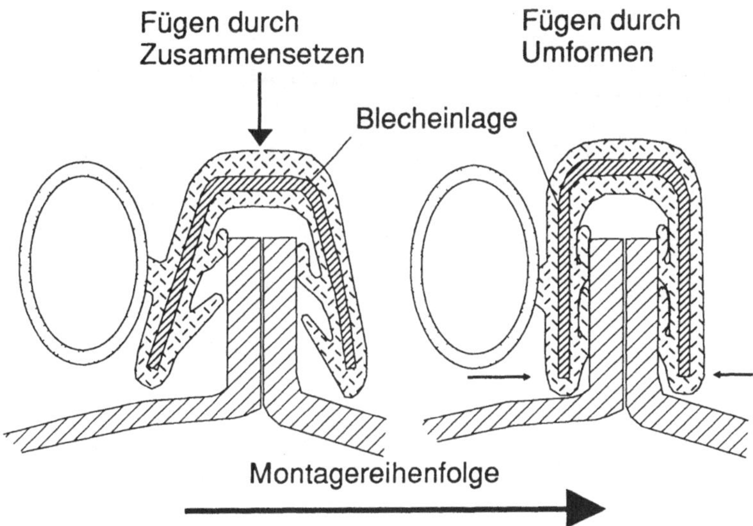

Bild 5.2: Fügeverfahren nach Funktionstrennung

Ein weiteres Beispiel für eine Funktionstrennung, die ebenfalls eine Kraftreduzierung zur Folge hat, ist die Montage eines Pkw-Fensterscheibenziergummis (Bild 5.3). Bisher wird durch die Integration mehrerer Funktionen in dem Fügeverfahren "Fügen durch Preßverbindung" der Fensterscheibenziergummi an die Scheibe gleichzeitig positioniert und befestigt. Damit die zur Befestigung des Ziergummis an die Scheibe nötige Vorspannkraft erreicht wird, ist die Nut im Ziergummi mit einem relativ großen Untermaß zur Scheibe zu fertigen. Dieses Untermaß führt bei der automatischen Montage zu einem Einklappen der Nutseiten, wenn nicht die Nut zuvor aufgeweitet wird. Ein geeigneter Aufweitungsmechanismus am Montagewerkzeug ist aus Zugänglichkeitsgründen kaum zu realisieren. Die Funktionstrennung führt auch hier zu einer Erleichterung und Verbesserung bei der Montage, indem die Positionierung durch ein unter geringen Fügekräften durchführbarer Einlegevorgang erfolgt und die eigentliche Befestigungskraft durch eine Klebeverbindung realisiert wird (Bild 5.3).

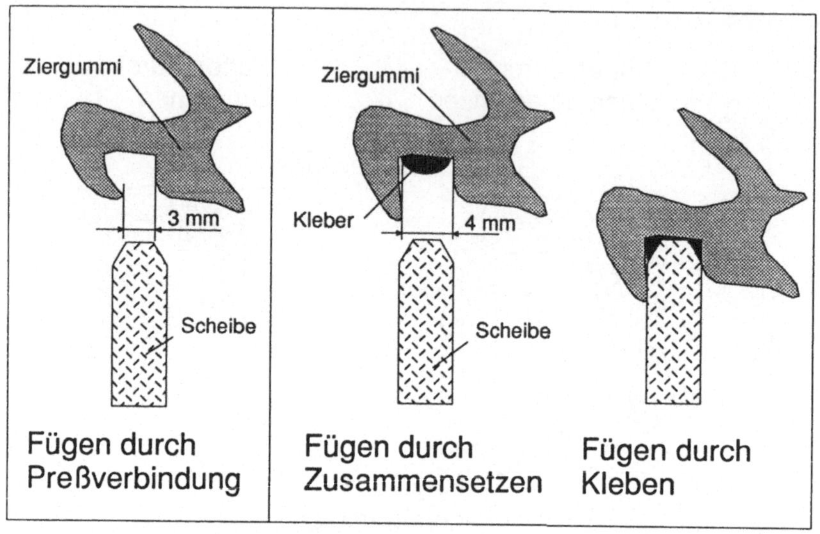

Bild 5.3:   *Fügekraftreduzierung durch Funktionstrennung und Einführung eines neuen Fügeverfahrens*

An den o.g. Beispielen zeigt sich, daß die oft genannte Regel zur montagegerechten Produktgestaltung "Integration von mehreren Funktionen" /62/, die hier auf die manuellen Montage ausgerichtet ist, zu komplizierten und zu schwierig realisierbaren Fügeverfahren führen kann. Dabei ergeben sich häufig komplizierte Montagebewegungen, die ständig überwacht und ohne Verzögerung gezielt korrigiert werden müssen. Dies aber erfordert höhere sensorische Fähigkeiten und größere Beweglichkeiten des Werkzeuges oder des Handhabungsgerätes. Die sensorischen Fähigkeiten und die bisher mechanisch nicht erreichbare Geschicklichkeit des Menschen eignen sich daher für kompliziertere Montagebewegungen wesentlich besser. Somit darf die Anwendung der Regel "Integration von mehreren Funktionen" für die automatische Montage der n.f.l. Bauteile nicht zu komplizierteren, überwachten Montagebewegungen führen. Die Durchführung des Integrationsansatzes ist daher jeweils auf die automatische oder die manuelle Montage auszurichten.

Zur Reduzierung der Fügekräfte können neben einer Änderung der Funktionsstruktur auch neu eingeführte Technologien beitragen. Hierbei sind insbesondere die folgenden Fügeverfahren zu nennen:

- Fügen durch Kleben (s. Bild 5.3)

- Fügen durch Urformen

5.2.2 Fügen durch Kleben

Die Klebetechnik hat in den letzten Jahren wesentliche Fortschritte gemacht /78, 79, 80, 81/. Für Materialien, die noch vor wenigen Jahren als nicht oder bedingt klebfähig eingestuft wurden, existieren heute bereits zuverlässige und hochfeste Kleber (z.B. Verkleben von Pkw-Scheiben). Mit der Einführung der Klebetechnik treten dabei auch Veränderungen bei der Montage und bei den n.f.l. Bauteilen ein. Es können grundsätzlich drei Einflüsse festgestellt werden:

- Die Befestigung der Bauteile erfolgt durch eine Klebeverbindung. Die Fügekräfte zur Erreichung der Verbindung werden wesentlich reduziert.

- Dichtfunktionen, die zuvor durch die n.f.l. Bauteile erfüllt wurden, werden durch geeignete Kleberverbindungen übernommen. Die n.f.l. Bauteile verlieren dadurch ihre Daseinsberechtigung oder erfüllen weitere Funktionen, wie z.B. optische Kaschierung von Spalten oder Kleberaupen.

- Die n.f.l. Bauteile dienen nicht mehr als Befestigungselement.

Schrittmacher bei der automatischen Verklebung mit Roboter ist die Automobil-industrie /82, 83/, gefolgt von den Hausgeräteherstellern /84/. Aktuelles Beispiel ist die Befestigung und Abdichtung der Front- und Heckscheibe. Die gestiegenen Sicherheitsanforderungen an die Haltbarkeit der Windschutzscheibenverglasung konnten mit den bisherigen Elastomerrahmen alleine nicht realisiert werden. Verbesserungen wurden mit zusätzlichen Halteelementen, insbesondere aber durch Einkleben der Windschutzscheibe erzielt, wobei man inzwischen gelernt hat, diese Technologie technisch/wirtschaftlich vorteilhaft zu nutzen /85/. Bild 5.4 zeigt - als ungünstige Variante- das bisher übliche Montageverfahren der Front- und der Heckverglasung bei PKW's. Die Haltekraft der Scheibe im

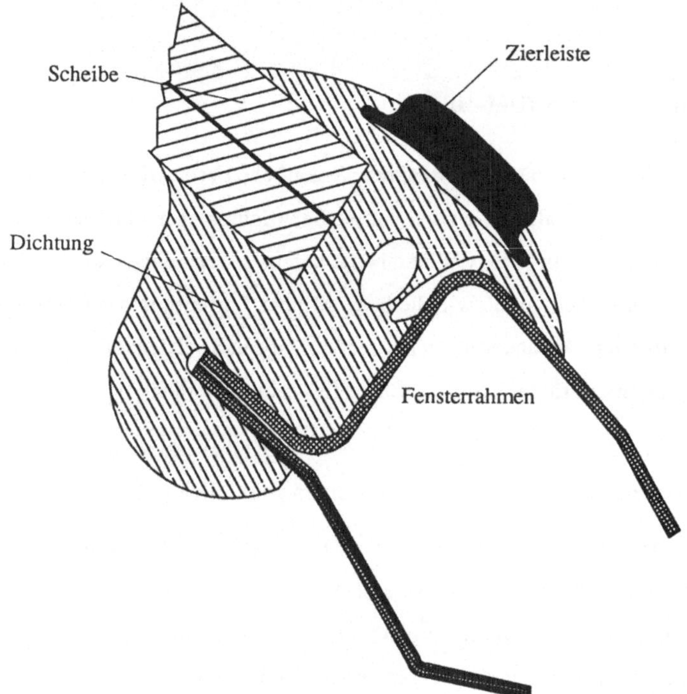

Bild 5.4:   Verglasung eingespannt /85/

Fensterrahmen wird dabei von der eingespannten Dichtung übertragen, die aus diesem Grunde sowohl die Scheibe als auch den Fensterrahmen umfassen muß.

Zur Aufbringung der Haltekraft wird die Dichtung durch ein zusätzliches Teil (Zierleiste) aufgespreizt, wodurch sich die Automation weiter erschwert. Außerdem kommt es durch die notwendigen hohen Fügekräfte zu Beschädigungen an der Dichtung.

Beim neuen Verfahren erfolgt die Verbindung der Scheibe durch den Kleber, wodurch wesentlich höhere Festigkeiten zu erzielen sind (Bild 5.5). Da der Kleber selbst auch Dichtfunktion übernimmt, dient der Gummi nur noch der Kaschierung des zwischen Fensterausschnitt und Scheibe entstehenden Spaltes.

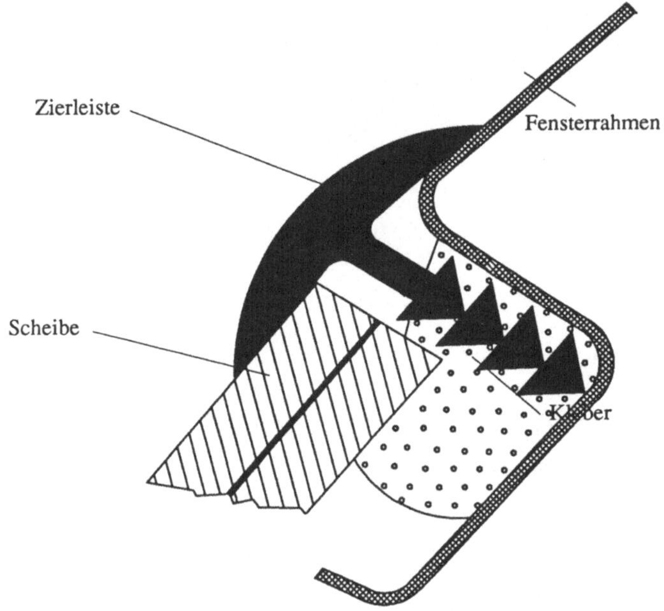

Bild 5.5:   Verglasung eingeklebt /85/

Die zunehmend öfters eingesetzte Klebetechnik kann allerdings zusätzliche Montageumfänge - wie die Anbringung des Klebers - nötig machen. Dies ist jedoch kein schwerwiegender Nachteil, da es kostengünstige Möglichkeit gibt, die Klebeschicht gleichsam mit der Fertigung an das n.f.l. Bauteil zu befestigen

(Bild 5.6). Das mit dem Kleber versehene n.f.l. Bauteil kann dann der Endmontage zugeführt werden. Je nach Kleberspezifikation (Aushärtezeit, etc.) ist die Endmontage innerhalb weniger Sekunden oder Tage durchzuführen.

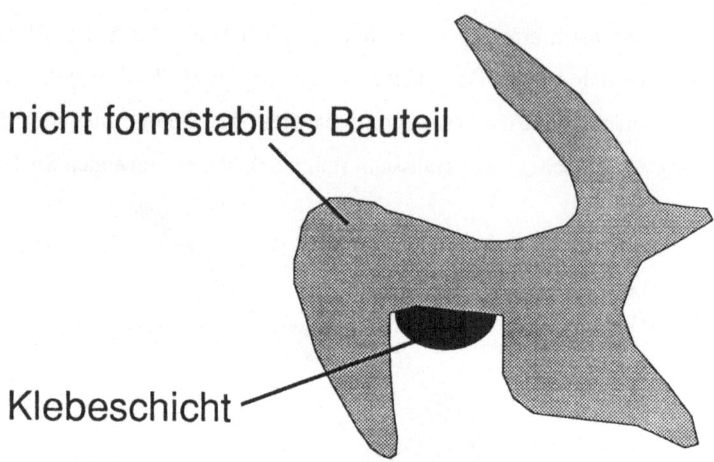

Bild 5.6:   Klebetechnisch vorbereitete Dichtung

5.2.3 Urformen

Bei der manuellen Montage wird dieses Fügeverfahren kaum eingesetzt. Grund hierfür sind hohe Qualitätsanforderungen, die eine genaue Dosierung der Dichtungsmasse und eine saubere Verarbeitung erforderlich machen. Der unter Zeitdruck arbeitende Werker ist allzu oft nicht in der Lage, die an ihn gestellten Qualitätsanforderungen dauerhaft zu erfüllen. Eine genaue Dosierung und ein stets gleichbleibendes Bewegungsverhalten beim Auftrag des Dichtungsmaterials sind durch eine automatische Montage vorteilhafter zu realisieren /86, 87/. Unter Verwendung schneller und steuerungstechnisch leistungsfähiger Handhabungsgeräte ist eine genaue Dosierung des Dichtungsmaterials möglich. Dabei ist die Ausbringungsgeschwindigkeit der noch reaktiven flüssigen Dichtung mit der Bewegungsgeschwindigkeit des Handhabungsgerätes zu koordinieren. Ebenfalls mit am Erfolg dieses Verfahrens beteiligt ist das Materialverhalten der Dichtung vor und während der Aushärtezeit.

Die beim "Fügen durch Urformen" wesentlichen Vorteile lassen sich aus montagetechnischer Sicht wie folgt zusammenfassen:

- Es treten kaum Fügekräfte auf.

- Der Transport und die Bereitstellung der Ausgangsmaterialien vereinfacht sich.

- Höhere Qualitätsanforderungen sind erreichbar.

Aus den in der DIN-Norm (8593 Teil 4) vorgestellten Verfahren bieten sich die in Bild 5.7 aufgeführten Unterverfahren an.

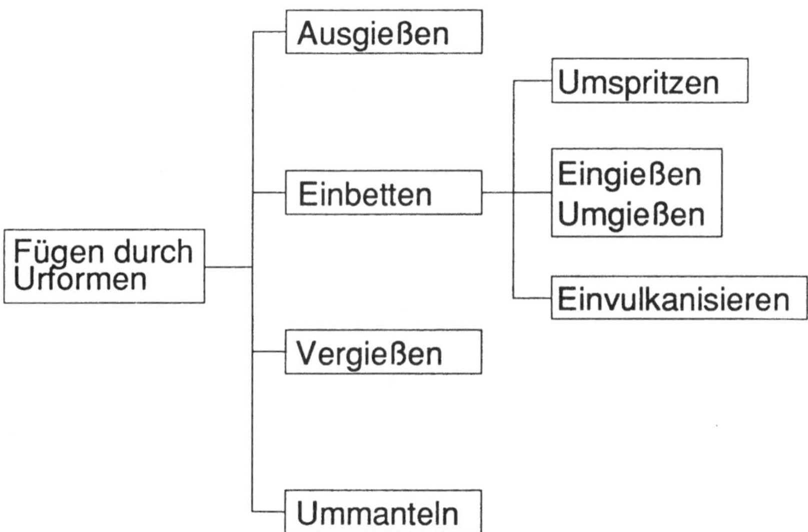

Bild 5.7:   *Ausgewählte Fügeverfahren aus der Gruppe: "Fügen durch Urformen" /27/*

Trotz der Vorteile, die dieses Fügeverfahren und seine Unterverfahren bieten, ergeben sich nicht zu vernachlässigende Nachteile. Durch die Koordination von Handhabungsgerät, Dosierungsanlage und Materialspezifikation der Dichtung ist die Realisierung der automatischen Montage - verglichen mit einer manuellen Einlegetätigkeit - mit einem großen Planungsaufwand verbunden. Neben den Planungskosten ergeben sich zudem höhere Investitionskosten für Dosieranlage und Handhabungsgerät. Der Auftrag einer Dichtmasse zur Abdichtung eines Wärmetauschers, der in ein Heizungsgehäuse einzusetzen ist, veranschaulicht in Bild 5.8 den gerätetechnischen Aufwand . Diese hohen Kosten können meist nur durch einen großen Mengendurchsatz und eine hohe Auslastung der Anlage gerechtfertigt werden.

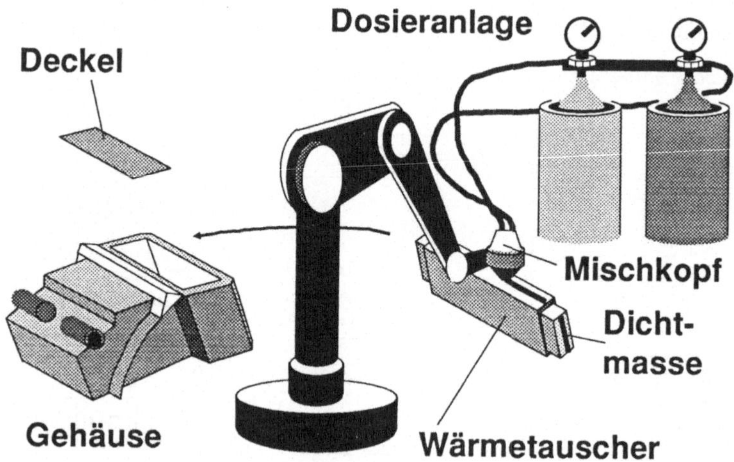

Bild 5.8: Die Abdichtung eines Wärmetauschers als Beispiel für eine automatische Dosierstation

5.2.4 Gestaltungsregeln zur Auswahl geeigneter Fügeverfahren

Aufgrund der durch die Analyse (Kapitel 5.2.1) gewonnenen Erfahrungen und unter Berücksichtigung der neuen Fügeverfahren erfolgt nun die Aufstellung geeigneter Gestaltungsregeln. Tabelle 5.1 faßt die Regeln zusammen.

Gestaltungsregeln zur Festlegung des Fügeverfahrens:

- Es sind Fügeverfahren mit geringen Fügekräften auszuwählen.

- Es sind einfache Fügeverfahren ohne komplizierte Montagebewegung-
  en durch Funktionstrennung zu realisieren.

- Neue Technologien beim Fügen sind in Erwägung zu ziehen.

- Endmontageumfänge sind weitestgehend in die Vormontage zu verla-
  gern (Klebeschicht in der Vormontage auftragen).

- Fügeverfahren, die möglichst einfache Werkzeuge vorsehen, sind auszuwählen.

- Fügeverfahren ohne verfahrensbedingte Vor- und Nacharbeiten sind zu
  bevorzugen.

- Diskontinuierliche Fügeverfahren, die eine Nachbearbeitung z.B. ein
  Nachfassen benötigen, sind zu vermeiden.

- Zeitintensive und mit Wartezeiten versehene Fügeverfahren sind zu
  vermeiden (Aushärtezeit des Klebstoffes, bzw. des Dichtstoffes).

- Fügeverfahren, die weitere Elemente zur Herstellung der Verbindung
  zwischen dem nicht formstabilen Bauteil und dem Montagepartner
  benötigen, sind ungeeignet. (Spreizelemente zur Befestigung der Scheibe).

Tabelle 5.1:   Gestaltungsregeln zur Festlegung des Fügeverfahrens

5.3 Ansätze für eine automatisierungsgerechte Gestaltung der Bauteile

Nach der Festlegung des Fügeverfahrens werden zunächst bei der Produktkonstruktion übergreifende gestaltliche Festlegungen getroffen, die den Montagepartner und damit vor allem das n.f.l. Bauteil betreffen. Diese gestaltlichen

Festlegungen erfolgen in abstrakter Form und legen die n.f.l. Bauteile nach geometrischen Formmerkmalen fest. In einer groben Klassifizierung wurden erste geometrische Formmerkmale, die zwischen block-, flächenförmigen und langgestreckten Bauteilen unterscheiden, bereits in /14/ erarbeitet. Die angestrebte Zielsetzung, anhand der aufgestellten Formmerkmale Rückschlüsse auf das Automatisierungskonzept zu erhalten, ist damit allerdings nicht erfüllt und ist durch eine verfeinerte Klassifizierung zu realisieren.

5.3.1 Weiterführende Klassifizierung der nicht formstabilen Bauteile

In der weiterführenden Klassifizierung werden ausschließlich die langgestreckten Bauteile betrachtet. Die Bauteile können hinsichtlich ihrer geometrischen Merkmale, die die Automatisierung wesentlich beeinflussen, in drei weitere Klassen eingeteilt werden:

- Querschnitt,

- Länge,

- Änderung der Form über der Länge.

Innerhalb einer jeden Klasse kann das zu konstruierende n.f.l. Bauteil vom Produktkonstrukteur frühzeitig noch während der Konzeptphase spezifiziert werden. Der zu erwartende Automatisierungsaufwand kann so bereits vom Konstrukteur abgeschätzt werden (Bild 5.9), noch bevor er genauere Detailkonstruktionen anfertigt.

Ist eine Entscheidung, die sinnvoller Weise in Absprache mit der Betriebsmittelkonstruktion zu fällen ist, getroffen, so kann der Betriebsmittelkonstrukteur bereits Anforderungen an das Automatisierungskonzept ableiten. Nach Tabelle 5.2, die direkt an die Formmerkmale aus Bild 5.9 angelehnt ist, ist eine grobe Strukturierung des Automatisierungskonzeptes in Teilaufgaben möglich. Die

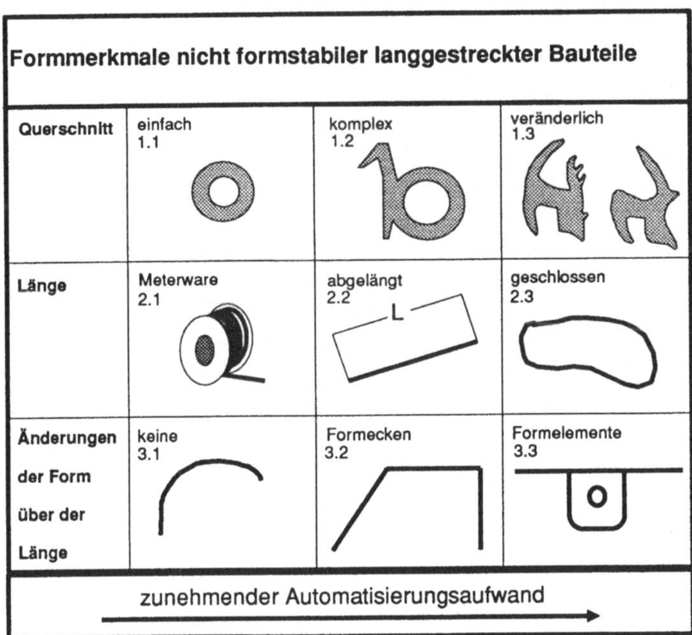

Bild 5.9: Weiterführende Klassifizierung der n.f.l. Bauteile

Einflüsse des Anforderungsprofils sind mit in die Funktionsstruktur einzubeziehen. Dabei muß die wichtige Frage: "Welches Bauteil wird bewegt, das nicht formstabile, langgestreckte Bauteil oder der Montagepartner?" geklärt werden. Eine Abschätzung des Arbeitsumfanges zur Realisierung der Montagestation kann durchgeführt werden.

Zur Veranschaulichung der Funktionsweise der Tabelle 5.2 werden die Auswirkungen der wesentlichen Formmerkmale auf die Hauptfunktion und wichtiger Unterfunktionen der Handhabung näher erläutert.

Formmerkmal	Hauptfunktion	Unterfunktionen
1.1	einfaches Führen	Positionieren
1.2	kompliziertes Führen	Positionieren, Orientieren,
1.3	wechselndes Führen	Positionieren, Orientieren, Wechseln der Führung bzw. des Werkzeuges
2.1	Länge anpassen	Ende der Verlegung ermitteln, Trennen
2.2	Enden anpassen	Aufnehmen, Beginn des Fügens, Ende ermitteln, Fügen unterbrechen, Fügen d. Bauteilendes
2.3	Kontur anpassen	Aufnehmen, geregelte Zuführung des Bauteils, Dehnen u. Stauchen
3.1	kontinuierliches Fügen	keine zusätzlichen Unterfunktionen
3.2	umgreifendes Fügen	Ende bzw. Kontur anpassen (s. 2.2 u. 2.3) Ablegen des n.f.l. Bauteils, Aufnehmen (Positionieren, Orientieren, Greifen)
3.3	unterbrochenes Fügen	Ende bzw. Kontur anpassen, Formelement greifen und fügen, Ablegen u. Aufnehmen des n.f.l. Bauteils

n.f.l.: nicht formstabil, langgestreckt

Tabelle 5.2:   Teilaufgaben der Automatisierung

Zu 1.3: Wechselndes Führen

Während bei den Formmerkmalen 1.1 und 1.2 lediglich eine Positionierung oder zusätzlich eine Orientierung durch die Führungen realisiert werden muß, sind bei wechselnden Querschnitten auch die Führungsflächen auszuwechseln. Dies kann entweder durch einen Werkzeugwechsel oder eine Werkzeugänderung (z.B. durch zuschaltbare Führungsflächen) realisiert werden.

Zur Veranschaulichung, wie in einem konkreten Fall eine Veränderung der Führungsfläche konstruktiv zu lösen ist, dient eine aus zwei unterschiedlichen Querschnitten zusammengesetzte langgestrecke Dichtung (Bild 5.10), die durch eine verstellbare Führung in richtiger Orientierung ohne zusätzliche Umgreifungsvorgänge zum Fügeort zu bewegen ist. Aufgrund der geometrischen und maßlichen Ähnlichkeit der beiden Querschnitte können die Führungen mit beweglichen Segmenten ausgestattet werden, die nach Bedarf zuzuschalten sind

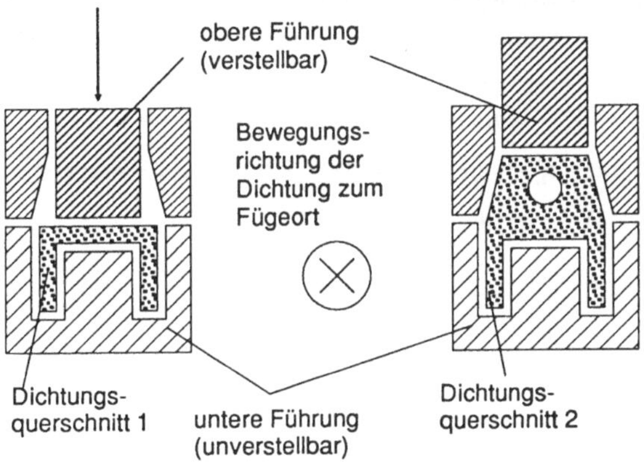

Bild 5.10: Anpassung der Führung an unterschiedliche Bauteil-Querschnitte

und die eine genaue, verdrehungsfreie Führung ermöglichen. Pneumatikzylinder eignen sich zur Verstellung der Führungssegmente durch ihre einfache Betätigung mit Druckluft. Durch die Anbringung von Druckluftzylindern vergrößert sich allerdings das Gewicht und die Baugröße des Montagewerkzeuges, so daß die Zugänglichkeit des Werkzeuges sinkt. Je stärker sich die Querschnitte unterscheiden, desto schwieriger und konstruktiv aufwendiger ist die Auslegung der Führungen, so daß eventuell zwei unterschiedliche Werkzeuge zu konstruieren sind, die zeitlich nacheinander zum Einsatz kommen. Die Folgen davon sind, daß die Werkzeugkosten stark ansteigen und sich die Montagezeit durch den Werkzeugwechsel verlängert. Durch den Werkzeugwechsel ist die im ersten Querschnitt definierte Lage der Dichtung aufzugeben und die Dichtung im Bereich des zweiten Querschnittes durch die Führungen des zweiten Werkzeuges aufzunehmen. Diese Aufnahme birgt aber Risiken, die die Zuverlässigkeit der gesamten Montage zum Teil stark sinken läßt.

Dagegen ermöglichen ähnliche Querschnitte das Zuschalten von Führungssegmenten, die die Ausgangsführung auf den geänderten Querschnitt einstellt. Ein kompletter Wechsel der gesamten Führung ist somit nicht nötig. Das n.f.l. Bauteil verbleibt in der bisherigen Führung ausreichend in seiner Lage definiert, wodurch sich der risikobehaftete und zeitlich langwierigere Einlege- und Positioniervorgang in eine weitere Führung vermeiden läßt.

Zusammenfassend bedeutet dies bei der konstruktiven Gestaltung des n.f.l. Bauteils, daß eine anpaßbare (adaptierte) Führung des Werkzeuges die nachfolgend genannten Auswirkungen verursacht:

- Die Zuverlässigkeit sinkt.

- Die Montagezeit verlängert sich.

- Die Werkzeugkosten steigen.

- Das Werkzeuggewicht wird größer.

- Die Baugröße des Werkzeuges nimmt zu.

- Die Zugänglichkeit des Werkzeuges sinkt.

Zu 2.1: Länge anpassen

Bei einem endlos bereitgestellten, n.f.l. Bauteil kann die Aufnahme im Werkzeug manuell einmalig für die gesamte Bauteillänge durchgeführt werden. Durch das im Werkzeug automatisch durchführbare Trennen ist ein neues Aufnehmen nicht mehr nötig, solange sich auf der Rolle noch Material befindet. Entscheidend für die richtige Verlegung des deformierbaren Bauteils ist die Durchführung des Trennvorganges, der die Länge und die Lage des Bauteilendes bestimmt.

In Bild 5.11 ist ein Konzept zur Montage von Schaumstoffstreifen dargestellt. Die Bereitstellung des endlosen Schaumstoffmaterials auf einer Rolle ermöglicht die Abdichtung vieler Blechteile. Ist die Rolle aufgebraucht, erfolgt der Austausch gegen eine neue Rolle, wobei der Anfang des Schaumstoffes manuell in das Werkzeug einzulegen ist. Der Vorteil dieses Konzeptes besteht darin, daß auch nach dem Trennvorgang, während der Ruhestellung des Montagewerkzeuges die Lage des Schaumstoffes im Werkzeug definiert bleibt und das schwierig zu realisierende Neugreifen und Aufnehmen des Schaumstoffstreifens nicht nötig ist.

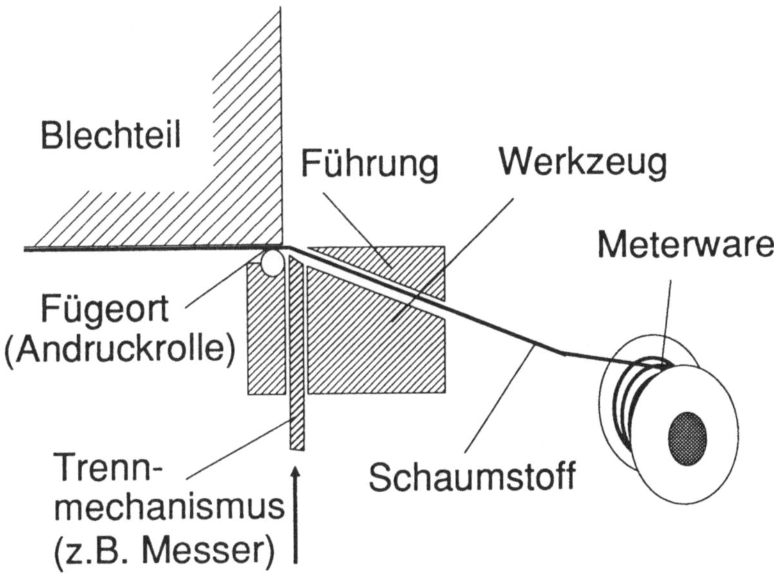

Bild 5.11: Werkzeugkonzept bei endlos bereitgestelltem Bauteil (Schaumstoff)

Zu 2.2: Enden anpassen

Bei einem abgelängt bereitgestellten n.f.l. Bauteil ist die manuell durchgeführte Aufnahme im Werkzeug weniger günstig, so daß diese zum Teil automatisiert durchzuführen ist. Die Funktion "Aufnehmen" besteht dabei aus mehreren Teilfunktionen, die im folgenden aufgelistet sind:

- Vereinzelung des Bauteils,

- Bereitstellung des Bauteils,

- Positionieren und Orientieren des Bauteils,

- Greifen des Bauteils,

- Kollisionsfreies Halten der nicht gegriffenen Bauteilbereiche.

Da die n.f.l. Bauteile ihre Form nicht beibehalten und zum Teil ineinander verschlungen vorliegen, ist eine automatische Vereinzelung und Bereitstellung oft nicht möglich, so daß diese Teilfunktion manuell durchzuführen ist. Da bei der manuellen Bereitstellung das n.f.l. Bauteil bereits von einem Werker gegriffen ist und demzufolge auch sofort montiert werden kann, muß die automatische Montage wesentliche Zeit- oder Qualitätsvorteile liefern, um im Vergleich mit einer manuellen Montage bestehen zu können.

Erst nach dem Aufnehmen des deformierbaren Bauteiles erfolgt das Fügen. Zum Anpassen der Enden hat sich die im folgenden beschriebene Lösung als zweckmäßig erwiesen. Dabei wird im Endenbereich des n.f.l. Bauteils der kontinuierliche Fügevorgang unterbrochen. Das Ende des deformierbaren Bauteils wird ermittelt und geklemmt, um sodann bündig am Ende des Montagepartners, dessen Position bekannt sein muß, auf Stoß gefügt zu werden. Anschließend wird der nicht montierte Bereich vor dem Bauteilende nachträglich gefügt. Voraussetzung dabei ist, daß sich das Bauteil in dem Endenbereich stauchen /46/ oder günstigerweise dehnen läßt.

In einem konkreten Fallbeispiel (Bild 5.12) ist eine abgelängte Pkw-Türdichtung zu verlegen. Die Enden der Dichtung sind dabei, nachdem die Dichtung ringförmig um die gesamte Türe verlegt wurde, miteinander zu verkleben. Zur Montage greift ein Industrieroboter die Türe und bewegt diese an dem stationären Montagewerkzeug entlang. Dies hat den Vorteil, daß die wegen ihrer Länge unhandliche

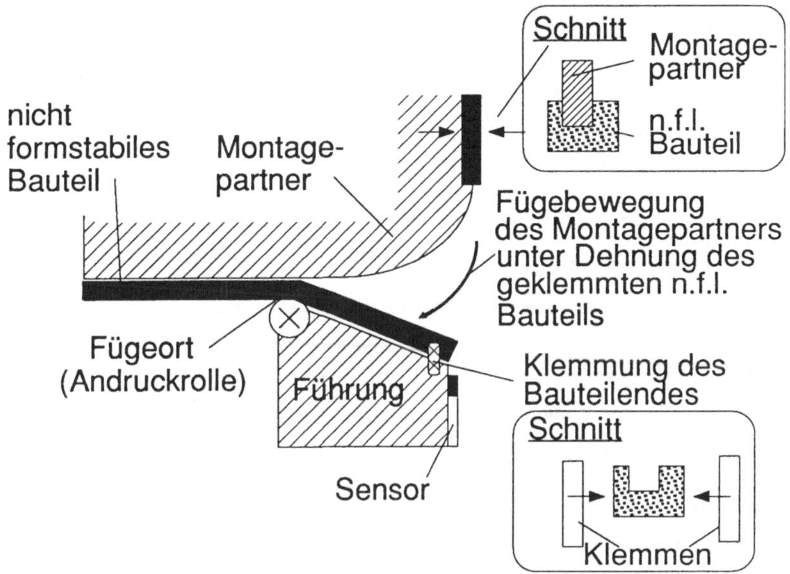

Bild 5.12: Werkzeugkonzept zur bündigen Montage der Bauteilenden

Dichtung während der gesamten Montage ohne Verwicklungsgefahr in den Führungen der Bereitstellung, die bis zum Montagewerkzeug reichen, ausreichend positioniert bleibt. Mit Hilfe des Industrieroboters ist die Montage des Dichtungsanfanges an einem vorgegebenen Punkt der Türe möglich, so daß deren relative Lage zum Fügen des Dichtungsendes bekannt ist. Fertigungstoleranzen der Türe und der Dichtung sowie fügetechnisch bedingte Längendehnungen erschweren ein bündiges Verkleben der Enden. Es ist demzufolge eine Anpassung des Dichtungsendes an den Dichtungsanfang vorzunehmen. Ein im Montagewerkzeug eingebauter Sensor stellt ca. 15 cm vor dem Fügeort das Dichtungsende fest, worauf das Dichtungsende von an der Seite befindlichen Klemmen fixiert wird. Durch eine zu kurz ausgelegte Länge der Dichtung kann nun das Ende der Dichtung unter Nutzung der Dehnungsfähigkeit an den Anfang, dessen relative Lage bekannt ist, gefügt werden.

Zu 2.3: Kontur anpassen

Während es bei einem abgelängten Bauteil genügt lediglich die Enden anzupassen, ist bei einem ringförmig geschlossenen Bauteil im weitesten Sinne eine gleichmäßige Montage über die gesamte Bauteillänge notwendig. Dabei ist das n.f.l. Bauteil durch Dehnung bzw. durch Stauchung so an der Kontur des Montagepartners zu verlegen, daß keine Restschlaufe entsteht. Für die Montage dieser Bauteile gibt es grundsätzlich zwei Lösungsansätze.

Bei Bauteilen einfacher Kontur (z. B. O-Ring) kann das gesamte Bauteil mit einer einzigen Fügebewegung komplett montiert werden (Bild 5.13). Hierzu ist das Bauteil zumindest an mehreren formgebenden Punkten seines Umfanges zu greifen und der Fügevorgang gleichzeitig an verschiedenen Stellen des ringförmig geschlossenen Bauteiles durchzuführen.

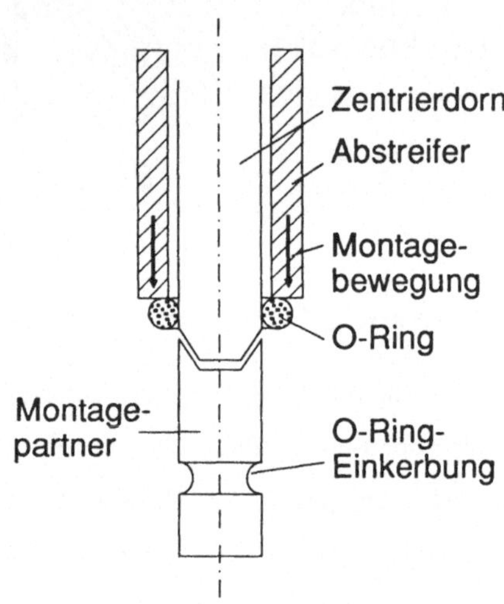

Bild 5.13: Komplettmontage

Bei Bauteilen, die entlang einer mehrfach gekrümmten Linie an den Montagepartner zu montieren sind oder deren Aufnahme und Handhabung bedingt durch ihre Größe lediglich an einem Punkt möglich ist, hat die Montage ausgehend von einem Startpunkt entlang der vorgeschriebenen Befestigungslinie an den Montagepartner zu erfolgen. Damit eine einwandfreie, ringförmig geschlossene Verlegung (keine Restschlaufe gegen Ende der Montage) entsteht, ist die unmontierte Restlänge der Dichtung an die verbleibende Restlänge der Befestigungslinie anzupassen. Zur Realisierung des Längenangleichs eignet sich eine geregelte Zuführung oder eine segmentweise durchgeführte Montagestrategie.

Bei der geregelten Zuführung ist es erforderlich, die verbleibende Bauteil- und
Konturlänge ständig zu erfassen und mit Hilfe von Stauch- und Dehnfunktionen
die restliche Länge des Bauteiles gezielt abzuarbeiten. Dies ist allerdings insbesondere durch die schwierige Erfassung der restlichen Bauteillänge aus meßtech-
nischen Gründen kaum zu realisieren (Bisher kein Beispiel bekannt).

Bei der segmentweise durchgeführten Montagestrategie (Bild 5.14: karosserie-
seitige Montage der Türdichtung) wird das nicht formstabile Bauteil von dem
Montagewerkzeug zunächst an signifikante Punkte, die über das geschlossene

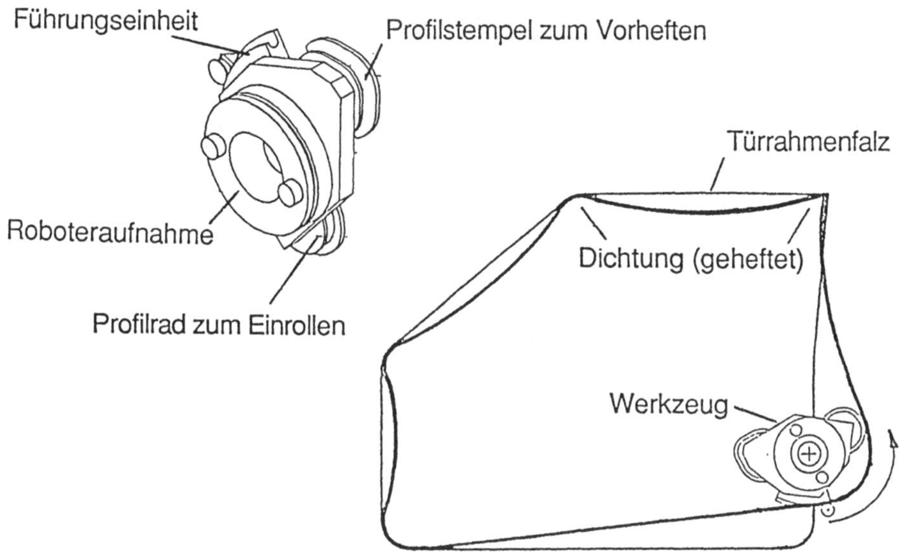

*Bild 5.14: Montagekonzept für ringförmig geschlossene Bauteile bei segment-
weisem Vorheften und anschließender Montage*

deformierbare Bauteil gleichmäßig verteilt sind, an den Montagepartner geheftet.
Im konkreten Fallbeispiel ist hierzu die Länge des n.f.l. Bauteils größer als die
Befestigungslinie ausgelegt. Ausgehend von den vorgehefteten Punkten erfolgt
die Montage zu den Ecken des Türausschnittes hin, wodurch das n.f.l. Bauteil eine
Stauchung erfährt und Längentoleranzen ausgeglichen werden können. Auf-

grund der bei dieser Montage nötigen Strategie, zunächst ein Vorheften des Bauteiles an den Montagepartner und anschließend erst die Montage durchzuführen, ist die Kontur des Montagepartners mehrmals nachzufahren. Daraus ergeben sich allerdings lange Montagezeiten.

Zusammenfassend ist die automatische Montage geschlossener n.f.l. Bauteile, wenn sie nicht - ähnlich eines O-Ringes - eine einfache Kontur aufweisen, stets schwierig und kaum wirtschaftlich zu realisieren. Neben den hohen Kosten, die bei der Konstruktion des Fügewerkzeuges entstehen, ergeben sich zumeist geringe Zuverlässigkeiten und lange Montagezeiten.

Zu 3.2 und 3.3: Umgreifendes und Unterbrochenes Fügen

Ist nur ein Formelement bzw. eine Formecke vorhanden, so kann die Funktion dadurch vereinfacht werden, daß die Montage ausgehend von dem Formelement beginnt. Bei mehreren Elementen ist zwischen diesen das Bauteil ohne die Bildung einer Restschlaufe zu verlegen, wodurch sich die Montage weiter erschwert. Bei beiden Gestaltungselementen ist ein Abheben des Werkzeuges erforderlich, um über das Eckstück bzw. das Formelement hinwegzufahren. Dabei ist das nicht formstabile Bauteil aus der positionierenden Umklammerung durch den Greifer zu lösen, wodurch ein neuerlicher Greifvorgang nach dem Umfahren des Hindernisses nötig wird. Zur Wiederaufnahme des Bauteiles ist eine Lageerkennung nötig, durch die der Greifer positioniert und orientiert werden kann. Damit die Elemente an der richtigen Position am Montagepartner gefügt werden, ist es von Vorteil, zumindest einige von diesen Elementen definiert aus der Bereitstellung zu greifen und zunächst an den richtigen Stellen des Montagepartners zu befestigen. Dieser Vorgang entspricht der in 2.3 beschriebenen segmentweisen Montagestrategie. Sind die Elemente befestigt, kann das Montieren der zwischen den Elementen verbleibenden Restlänge des nicht formstabilen Bauteiles erfolgen. Während die Formecken eine Umorientierung des Werkzeuges bewirken, sind vorhandene Formecken durch ein zusätzliches Fügewerkzeug (z.B. Eindruckstempel) zu montieren.

Die automatische Montage eines Pkw-Heckscheibenziergummis, der insgesamt
vier Ecken aufweist, soll im folgenden die Funktionen des Montagewerkzeuges
bei einem umgreifenden Fügen verdeutlichen (Bild 5.15). Die verdrillungsfreie
Bereitstellung des Ziergummis erfolgt sinnvollerweise durch eine manuelle
Vormontage zweier Ecken direkt an der Scheibe. Auf den automatisch durchzu-
führenden Aufnahmevorgang des Ziergummis (Griff in die Kiste), der kaum oder
nur sehr schwierig und kostenaufwendig durchzuführen ist, wird verzichtet.

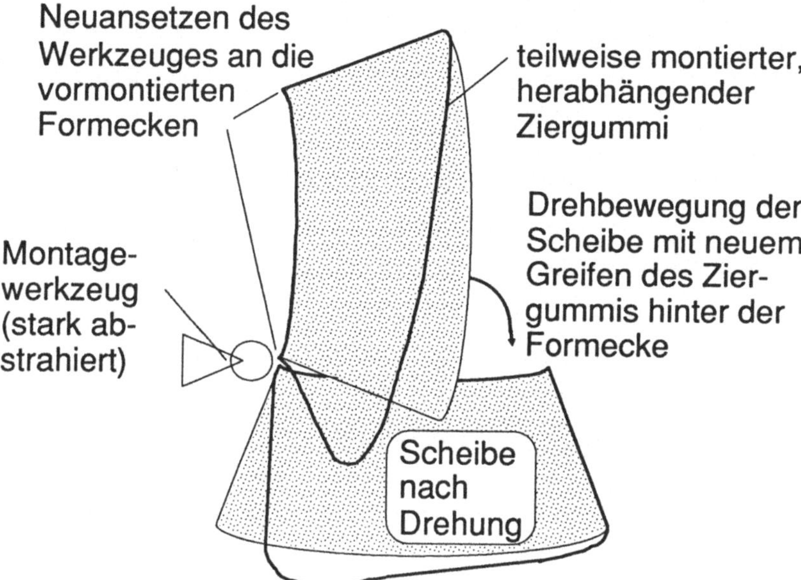

Bild 5.15: Montagekonzept für mit Formecken oder -elementen ausgestatteten

nicht formstabilen Bauteilen

Ausgehend von diesen in ihrer Lage bekannten Eckpunkten des Ziergummis
erfolgt die automatische Montage. Das Montagewerkzeug ist stationär angebracht. Ein Industrieroboter bewegt die Scheibe am Montagewerkzeug von unten
nach oben entlang, wodurch der Ziergummi unter Einwirkung der Schwerkraft
stets in günstiger Lage zur Scheibe zum Liegen kommt. Ist eine Ecke erreicht,
sind die Führungen des Werkzeuges, die den Ziergummi zur Vermeidung von

Verdrillung umgreifen müssen, zu öffnen. Nach einer Drehung der Scheibe ist diese wieder an das Werkzeug heranzufahren, welches - an der zuvor montierten Ecke positioniert - den Ziergummi zur weiteren Montage umgreift. Die Umorientierung und das wiederholte Positionieren der Scheibe zum Werkzeug benötigt viel Zeit. Da die Führungen bis an den Fügeort den Ziergummi verdrehungsfrei an die Scheibe heranzuführen haben, besteht kaum genügend Bauraum zur Anbringung beweglicher Führungen. Eine ideale Auslegung der Führungen ist schwer möglich, was sich auf die Zuverlässigkeit der Montage auswirkt.

In Anbetracht der entstehenden konstruktiven Schwierigkeiten bei der Werkzeugkonstruktion ist eine Automation der n.f.l. Bauteile dieser Formklasse kaum zuverlässig und wirtschaftlich durchzuführen.

Als Resümee dieses Kapitels kann festgestellt werden, daß durch Bild 5.9 und Tabelle 5.2 eine erste, grobe Veranschaulichung des Zusammenhangs zwischen der konstruktiven Gestaltung des Produktes und des zu erwartenden Automatisierungsaufwandes stattfinden kann. Die weitere Konkretisierung von Produkt- und Werkzeuggestaltung, die in einem iterativen Lösungsfindungsprozeß stattfindet, erfolgt durch Gestaltungsregeln und Konstruktionskataloge, die in den nachfolgenden Kapiteln vorgestellt werden.

5.3.2 Ansätze für eine automatisierungsgerechte Gestaltung der Montagepartner

Die in der Praxis gewonnenen Erfahrungen haben gezeigt, daß zunächst mit der gestaltlichen Festlegung der Montagepartner und nicht mit dem deformierbaren Bauteil in der Produktkonstruktion begonnen wird. Die in Tabelle 5.3 aufgeführten Gestaltungsregeln dienen dabei der montagegerechten Gestaltung des Montagepartners, damit bereits in dieser frühen Phase keine restringierenden Entscheidungen im Hinblick auf die Automatisierungslösung getroffen werden.

Gestaltungsregeln für den Montagepartner:

- Den Verlauf der Befestigungslinie, an der das nicht formstabile, langgestreckte Bauteil angebracht werden soll (Nuten, Kanten, etc.), in eine Ebene legen.

- Die Befestigungslinie mit langen, geraden Abschnitten und großen Radien ausbilden.

- Eindeutige Anschlagkanten oder Orientierungspunkte zum mechanischen bzw. sensorgestützten Ausrichten des Montagewerkzeuges anbringen.

- Fügeschrägen zur Unterstützung der Montage des n.f.l. Bauteils anbringen.

- Eine gute Zugänglichkeit der Fügestelle gewährleisten.

- Auf zusätzliche Verbindungselemente weitestgehend verzichten.

- Falls nötig, integrierte und vorgefügte Sicherungselemente vorsehen.

Tabelle 5.3:   Gestaltungsregeln für den Montagepartner

Die ersten beiden Gestaltungsregeln berücksichtigen den wichtigen Verlauf der Befestigungslinie, an der das nicht formstabile Bauteil an dem Montagepartner befestigt wird. Diese Gestaltungsregeln sind insofern wichtig, da mit ihnen die Bewegungsbahn des Handhabungsgerätes festgelegt wird. Gerade Bewegungsbahnen haben verschiedene Vorteile. Zum einen kann die Bahn mit einem kostengünstigen und einfachen Handhabungsgerät realisiert werden. Zum anderen kann die hohe Verfahrgeschwindigkeit des Handhabungsgerätes genutzt werden, indem die Bahn schnell abgefahren werden kann. Beide Vorteile tragen entscheidend dazu bei, die Rentabilität der Montagestation zu erhöhen, um im Vergleich mit der manuellen Montage konkurrenzfähig zu bleiben.

Eine gestaltliche Feinabstimmung des Montagepartners ist in einer späteren Konstruktionsphase zusammen mit dem Werkzeug und dem n.f.l. Bauteil durchzuführen. Als rechnergestütztes Hilfsmittel kann dabei die Finite-Elemente-Methode eingesetzt werden (s. Kapitel 6).

5.3.3 Ansätze für eine automatisierungsgerechte Gestaltung der nicht formstabilen Bauteile

Nachhaltig auf die Automatisierung wirkt sich die Gestaltung der n.f.l. Bauteile aus. Als in der Regel letztes Glied in der Produktkonstruktion können sie aufgrund ihrer großen Gestaltungsmöglichkeiten und trotz der bereits vorhandenen gestalterischen Randbedingungen in die Produktkonstruktion eingebunden werden. Dies ist vor allem auf die großen fertigungstechnischen Möglichkeiten im Bereich der Kautschuk- und Kunststofftechnik zurückzuführen, mit denen die n.f.l. Bauteile hergestellt werden /88/.

Für die Herstellung der langgestreckten Bauteile eignet sich insbesondere der Extruder. Beim Extrudieren besteht die Möglichkeit, fast beliebige Querschnittsformen und sogar Hohlprofile herzustellen. Dabei können die verschiedenen Bereiche des Querschnittes gezielt aus unterschiedlichen Materialien bzw. Materialspezifikationen gefertigt werden. Die verwendeten Materialien sind hauptsächlich Metalleinsätze (Drähte,etc.), Schnüre aus Glasfaser, Moosgummi, Kautschuk unterschiedlicher Shorehärte, Kunststoffe (PVC, EPDM, etc.). Formecken, wie sie an Pkw-Türen oft nötig werden, werden in Spritzgußformen hergestellt.

Diese vielseitigen Gestaltungsmöglichkeiten haben für die automatisierungsgerechte Produktgestaltung sowohl Vor- als auch Nachteile. Die Regeln aus Tabelle 5.4 sollen dabei dem Produktkonstrukteur helfen, positiven Nutzen daraus zu ziehen.

Gestaltungsregeln für das nicht formstabile langgestreckte Bauteil:

- Zusätzliche Sicherungselemente vermeiden.

- Integration von Verbindungselementen in das nicht formstabile Bauteil vorsehen. (Einvulkanisierung von Metall U-Profilen zur kraftschlüssigen Klemmung).

- Fügeschrägen anbringen.

- Einfache und geometrisch nicht veränderliche Querschnitte vorsehen.

- Keine Formecken oder Formelemente vorsehen.

- Bereitstellung als Meterware ermöglichen.

- Maximale Formstabilität anstreben.

- Funktionsangepaßte Unterteilung des Profilquerschnitts in formstabile und forminstabile Bereiche vornehmen.

- In Längsrichtung Formstabilität oder Dehnungsunempfindlichkeit anstreben.

- Eindeutige und möglichst formstabile Führungsflächen vorsehen.

Tabelle 5.4:   Gestaltungsregeln für das nicht formstabile, langgestreckte Bauteil

Da die "Formstabilität" der Bauteile für die automatische Montage eine entscheidende Rolle spielt, soll dieser Punkt näher erläutert werden. Eine allgemeine Gestaltungsregel für die montagegerechte Produktgestaltung besagt, daß auf forminstabile Bauteile möglichst zu verzichten ist. Dieser Grundsatz ist allerdings kaum durchzuführen, da die Dichtungen, Ziergummis etc. ihre Funktion lediglich durch ihre "unerwünschte" Deformierbarkeit erreichen können. Betrachtet man die nicht formstabilen Bauteile genauer, so ist die Forminstabilität der Bauteile zur Erfüllung der geforderten Funktionen (Dichtfunktion, etc.) oft nicht über den gesamten Querschnitt des Bauteiles nötig. Für die Funktion "Dichten" zum Beispiel sind lediglich die Dichtlippen des Bauteiles elastisch zu gestalten. Die zur Befestigung nötigen Querschnittsflächen müssen zwangsläufig nicht aus dem gleichen elastischen Material bestehen, was mit den fertigungstechnischen Möglichkeiten durchaus realisierbar ist. Es ist daher die recht allgemein gehaltene Gestaltungsregel zu korrigieren und vielmehr eine definierte Forminstabilität der Bauteile anzustreben, die einer automatischen Montage entgegenkommt.

In der Praxis haben sich bei der automatischen Montage insbesondere die nachfolgenden Versagensfälle eingestellt, die auf unterschiedlich zu spezifizierende Forminstabilitäten zurückzuführen sind:

- Unzulässige Längendehnung führt zum Versagen des Montagewerkzeuges.

- Durch die Längendehnung ist die Verlegung entlang einer genau definierten Länge nicht möglich.

- Eine unzureichende Forminstabilität im Querschnitt des n.f.l. Bauteiles führt zu Verdrillungen und sogar zu Stauungen in den Führungen des Montagewerkzeugs.

Welche Möglichkeiten zur Vermeidung dieser Versagensfälle bestehen, werden in den folgenden Beispielen aufgezeigt.

Vermeidung von Verdrillung in den Werkzeugführungen

Bestimmte Querschnitte wirken sich nachteilig auf die Komplexität der Führungsfläche des Werkzeuges aus. Um Verdrehungen bzw. Verdrillungen in den Führungsflächen zu vermeiden, sollten an den Dichtungen "eindeutige" Stege bzw. Fortsätze vorgesehen werden. Bild 5.16 veranschaulicht diese Problematik.

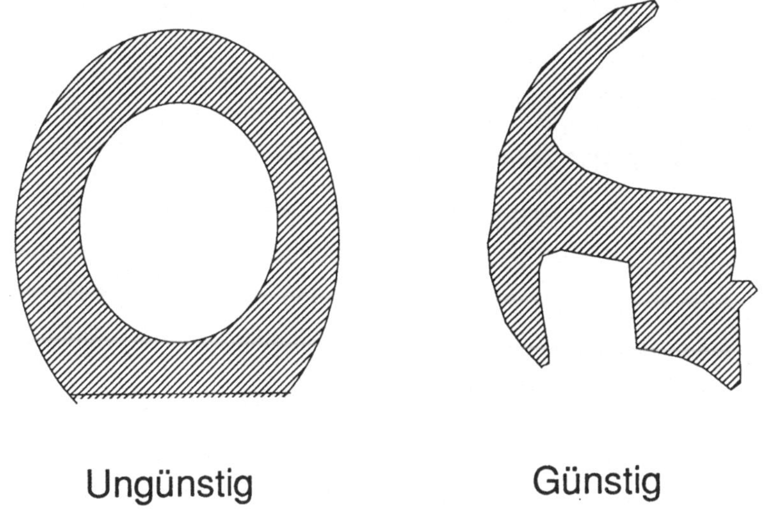

Bild 5.16: Einfluß zweier Querschnitte auf die Führungsfläche des Werkzeuges

Durch das Fehlen von markanten Führungsflächen im linken Beispiel, würde es bei der späteren Automatisierung - in Bezug auf die Führung - zu Problemen kommen. Hingegen kann im rechten Beispiel eine verdrillungsfreie Führung durch stabile Stege gewährleistet werden.

Je formstabiler Stege bzw. Fortsätze während der Gestaltung ausgelegt werden (hohe Shorehärte), desto besser sind ihre späteren Führungseigenschaften.

Vermeidung von Längendehnungen durch formstabile Auslegung der deformierbaren Bauteile

Längendehnungen können durch formstabile Festigkeitsträger günstig beeinflußt werden. Als Festigkeitsträger bieten sich dabei Schnüre aus verschiedenen Materialien (Draht, Glasfaser, Kohlefaser, etc.) an. Durch die geringen Flächenträgheitsmomente der Schnüre wird das Biegeverhalten, das das Verlegen oft vereinfacht, kaum negativ verändert. Einvulkanisierte Befestigungselemente, die die Verbindung des n.f.l. Bauteils an den Montagepartner realisieren, können ebenfalls zu Festigkeitsträgern, die eine Längendehnung verhindern, umkonstruiert werden (Bild 5.17).

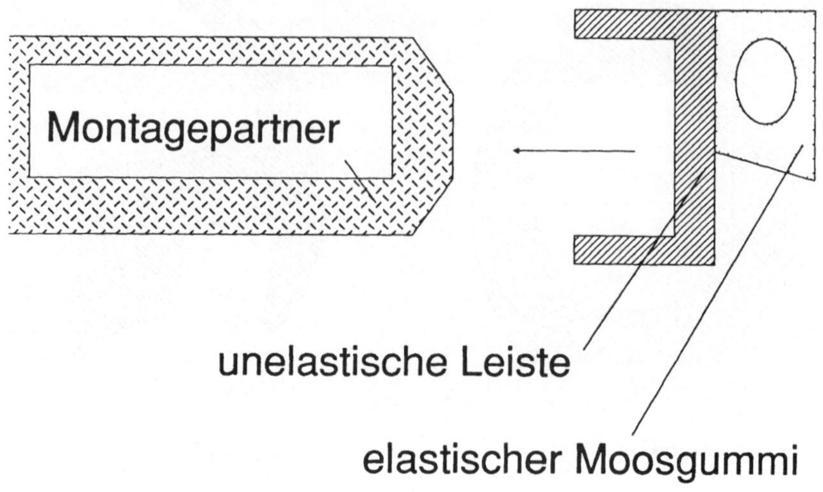

Bild 5.17: Definierte Elastizität

5.4 Ansätze zur Planung und Konstruktion des Fügewerkzeuges

Die Konstruktion des Fügewerkzeuges kann sinnvollerweise mit der bereits o.g. allgemeinen Konstruktionsmethodik nach VDI 2221 /58/ durchgeführt werden. Zur Vereinfachung des Konstruktionsprozesses trägt die Unterteilung der Konstruktionsaufgabe in Teilaufgaben wesentlich bei. Eine Analyse bereits bestehender automatischer Fügewerkzeuge ergab die folgenden Teilfunktionen, die zur Montage eines n.f.l. Bauteiles nötig sind:

- Antreiben,

- Führen,

- Fügen,

- Trennen.

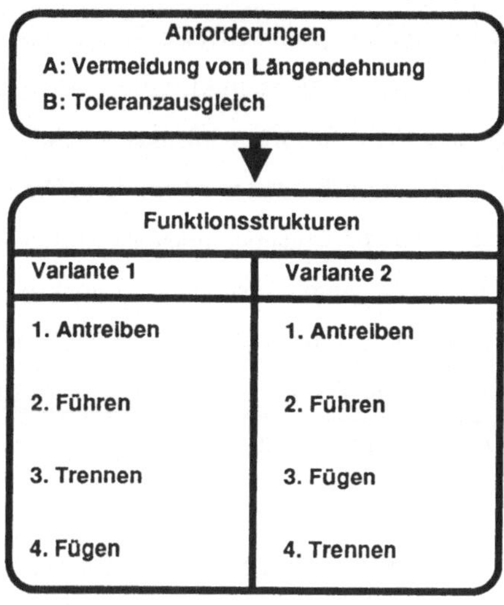

Bild 5.18: Teilfunktionen des Werkzeuges

In Bild 5.18 sind die Teilfunktionen in chronologischer Reihenfolge für zwei unterschiedliche Funktionsstrukturen aufgeführt. Diese Funktionsstrukturen erwiesen sich in verschiedenen praktischen Versuchen als sinnvoll und werden im folgenden erläutert.

Damit die Montage erfolgreich und zuverlässig durchgeführt werden kann, sind die zentralen Anforderungen "Vermeidung von Längendehnung" und "Toleranzausgleich" zu erfüllen. Im Gegensatz zu den Teilfunktionen "Antreiben, Führen, Fügen, Trennen", die durch abgeschlossene Systeme (Baugruppen) realisiert werden können, sind diese Anforderungen bereits bei der Aufstellung der Funktionsstruktur und bei der Auslegung der Baugruppen (Antriebe, Führungen und Fügemechanismen) zu berücksichtigen.

Besondere Aufmerksamkeit ist der Anforderung "Vermeiden von Längendehnung" zu widmen. Die Berücksichtigung dieser Anforderung ist generell bei jeder Montageaufgabe sehr wichtig, da unerwünschte Längendehnungen zur Beschädigung des n.f.l. Bauteiles, zum Versagensfall beim Fügen und zur ungenauen Längenverlegung führen können (vgl. Kapitel 5.3.3). Dehnungen, die in den

Werkzeugführungen am n.f.l. Bauteil auftreten, können am Fügeort kaum korrigiert werden. Durch die o.g. Funktionsstruktur, die die Anordnung des Antriebes vor den Führungen und dem Fügemechanismus vorsieht, erreicht man einen schiebenden Antrieb. Das n.f.l. Bauteil wird auf diese Weise vor dem Fügemechanismus gestaucht, wodurch Längendehnungen weitestgehend vermieden werden können. Neben einer geeigneten Auslegung der Funktionsstruktur erfolgt die ursächliche Vermeidung der Längendehnung durch die anforderungsgerechte Auswahl der für die jeweilige Teilfunktion erarbeiteten Lösungen. Eine Zusammenstellung der Auswahlkriterien wird in den nachfolgenden Kapiteln vorgenommen.

Während die Teilfunktionen Antreiben, Führen, Fügen stets als Komponenten im Montagewerkzeug realisiert sein müssen, ist die Teilfunktion "Trennen" in Abhängigkeit von der Längengestalt des n.f.l. Bauteiles vorzusehen. Liegt das deformierbare Bauteil als Endlosmaterial vor, so ist am Ende des Montagevorganges ein Trennen des gefügten Teiles vom endlos bereitgestellten Bauteil nötig (siehe Klassifizierungsmerkmale Bild 5.9). Damit ist es möglich, bereits bei der Festlegung der Funktionsstruktur Längentoleranzen durch ein paßgenaues Trennen einzuhalten. Der Trennvorgang kann dabei dem Fügemechanismus vor- oder auch nachgeschaltet sein.

Bei einer rein anschaulichen Betrachtungsweise des Problems ist der Trennvorgang vor dem Fügen durchzuführen, denn nach dem Fügen wäre das abzutrennende Teil des n.f.l. Bauteils bereits am Montagepartner befestigt und ein Trennen nicht mehr möglich (Bild 5.19). Dies bedeutet allerdings für den nächsten Montagevorgang, daß das abgetrennte, im Werkzeug verbleibende Bauteil über die Transportdistanz vom Ort des Trennens zum Fügeort zugeführt werden muß. Ein geeigneter, meist aufwendiger Antrieb hat diese Zuführung zu ermöglichen.

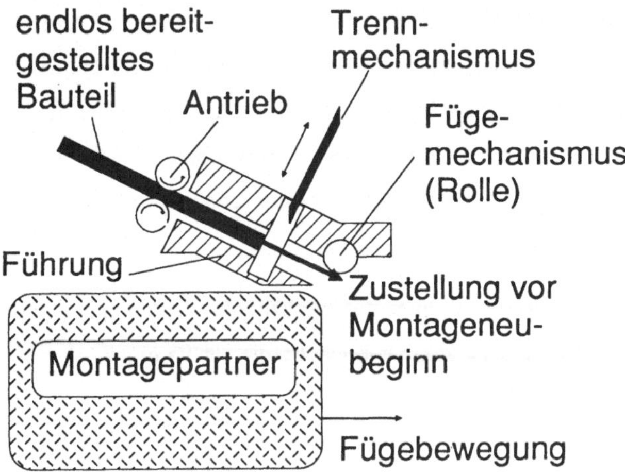

Bild 5.19: Dem Fügemechanismus vorgeschalteter Trennmechanismus

Wesentlich günstiger für die Auslegung des Antriebsmechanismus ist die Variante 2 der Funktionsstruktur (Bild 5.20). Hierbei ist der Trennmechanismus dem Fügemechanismus nachzuschalten. Dies ist dann möglich, wenn am Ende des Montagevorganges der Fügevorgang - z.B. durch ein Anheben des Fügemechanismus vom Montagepartner - unterbrochen wird. Somit kann das nicht formstabile Bauteil unmontiert über den Fügemechanismus hinwegbewegt und getrennt

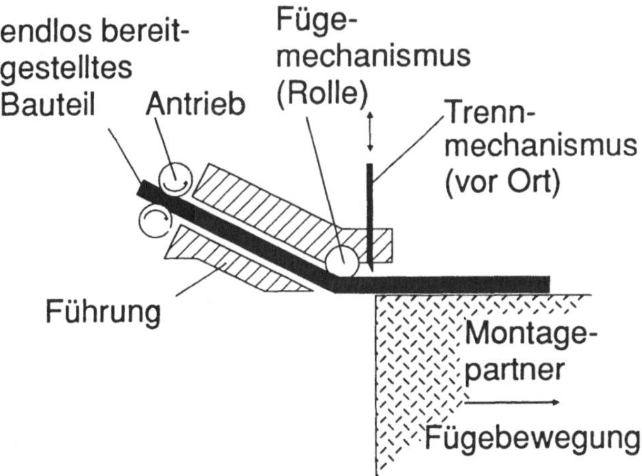

Bild 5.20: Dem Fügemechanismus nachgeschalteter Trennmechanismus

werden. Zwar vereinfacht sich dadurch die Konstruktion des Antriebmechanismus, der eine Zuführung des deformierbaren Bauteils zum Fügeort nicht mehr zu realisieren hat, aber nicht immer verbleibt genügend Platz zur Anbringung des Trennmechanismus. Beide der vorgestellten Varianten sind denkbar und sind abhängig von der Wirkungsweise des Trennmechanismus bzw. von der Geometrie des Montagepartners auszuwählen.

Für die genannten Teilfunktionen des Werkzeuges werden in den nun folgenden Kapiteln Konstruktionskataloge vorgestellt, die zur Vereinfachung der Lösungsfindung beitragen.

5.4.1 Antriebe

5.4.1.1 Antriebsprinzipien

Während des Fügeprozesses erfolgt die Verbindung des n.f.l. Bauteiles an den Montagepartner. Damit ist das n.f.l. Bauteil örtlich an den Montagepartner gebunden, während das Fügewerkzeug sich weiterbewegt. Durch diese Relativbewegung kann somit die Vorschubbewegung durch den Fügevorgang selbst (passiver Antrieb) und ohne einen zusätzlichen aktiven Antrieb erreicht werden.

Die Praxis zeigt allerdings, daß es bei dem Prinzip des passiven Antriebs zum Losreißen der Verbindung und zu unzulässigen Längendehnungen kommen kann. Es ist daher sinnvoll, zusätzliche Antriebsprinzipien vorzusehen, die die Aufgabe haben, die n.f.l. Bauteile bis zum Fügeort dehnungsfrei zu fördern. Dies ist insbesondere dann nötig, wenn eine Ablängvorrichtung im Werkzeug eingebaut ist, die (siehe Bild 5.19) das deformierbare Bauteil vor dem Fügemechanismus trennt. Zur Überbrückung des Abstandes zwischen dem Ort des Trennens und dem Fügemechanismus ist zu Beginn der nächsten Montage ein aktives Zuführen nötig.

Eine Sammlung möglicher Antriebslösungen liefert der in Bild 5.21 dargestellte spezielle Konstruktionskatalog, der zur übersichtlichen Darstellung der Lösungen in drei Spalten aufgeteilt ist.

Der **Gliederungsteil** enthält die wesentlichen Gesichtspunkte, die die Elemente des Hauptteils, also den eigentlichen Kataloginhalt, widerspruchsfrei unterteilen und dem Benutzer die Möglichkeit geben, die Vollständigkeit zu überprüfen. Da mit diesem und den folgenden Konstruktionskatalogen ausschließlich Werkzeuge zu erarbeiten sind, mit denen das Fügen der n.f.l. Bauteile möglich ist, werden zur besseren Übersicht lediglich die in praktischen Versuchen erarbeiteten Lösungen vorgestellt.

Der **Hauptteil** enthält den eigentlichen Inhalt des Kataloges. Skizzen und Benennungen stellen die verschiedenen Lösungen vor, wobei innerhalb des Konstruktionskataloges die Beispiele in der gleichen Abstraktionsstufe stehen.

Im **Zugriffsteil** sind die Zugriffsmerkmale aufgeführt, mit deren Hilfe für die jeweilige Anforderung die günstigen Lösungen zu finden sind /59/.

Die im Katalog (Bild 5.21) aufgeführten Antriebslösungen werden im folgenden näher erläutert.

Ist eine Verletzung der Oberfläche oder des Materials gestattet, so kann der physikalische Effekt "Formschluß " für den Antrieb genutzt werden. Dieser Antrieb zeichnet sich dabei insbesondere durch seine Schlupffreiheit aus und kann vor allem bei Schaumstoffen eingesetzt werden.

Für die Wirksamkeit des Effektes "Coulombsche Reibung" ist es günstig, wenn das n.f.l. Bauteil selbst einen großen Reibungskoeffizienten besitzt. Um den Reibschluß des Antriebes zu erhöhen, ist es sinnvoll durch gegenüberliegend angebrachte Andruckrollen eine Anpreßkraft aufzubringen.

Gliederungsteil		Hauptteil		Zugriffsteil					
Effekt	Bewegungsart	Benennung	Skizze	kontinuierlicher Vorschub	Vorschubkraft	Betriebskosten	Beschaffungskosten	Verfügbarkeit	Längenkonstanz
Formschluß	linear	Nadelkissen	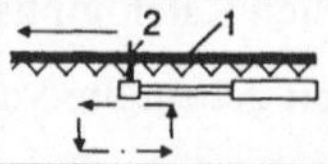	schlecht	sehr gut	mittel	mittel	gut	mittel
	rotatorisch	Nadelrad	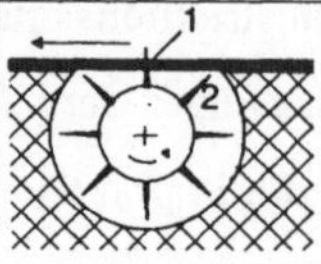	sehr gut	sehr gut	gut	mittel	gut	mittel
Coulombsche Reibung	linear	Reibplatte	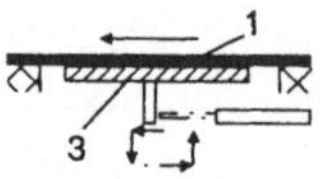	schlecht	gut	mittel	mittel	gut	mittel
	rotatorisch	Reibrad	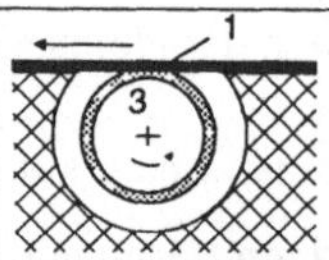	sehr gut	gut	gut	mittel	gut	gut
Formschluß und Kraftschluß	linear	Bewegungseinleitung durch den Montagepartner	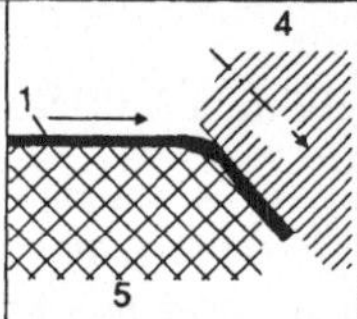	sehr gut	gut	sehr gut	sehr gut	sehr gut	schlecht
Adhäsion	linear	Abziehen einer beklebten Schutzfolie vom deformierbaren Bauteil	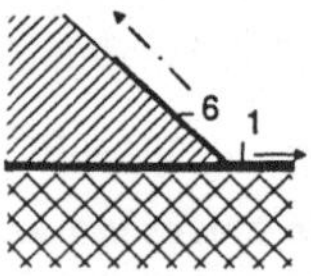	sehr gut	mittel	gut	mittel	gut	mittel
viskose Reibung	linear	Einleiten eines Fluids	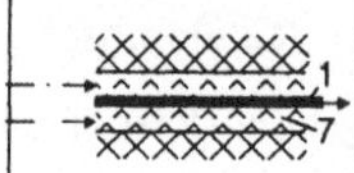	sehr gut	schlecht	schlecht	mittel	mittel	sehr gut

1: nicht formstabiles Bauteil
2: Nadel
3: Reibelement
4: Montagepartner
5: Werkzeug
6: Abdeckfolie für Klebeschicht
7: strömendes Fluid

→ Bewegung des nicht formstabilen Bauteils
– · → Bewegungseinleitung

Bild 5.21: Konstruktionskatalog "Antriebe"

Bei der "Bewegungseinleitung durch den Montagepartner" (passiver Antrieb) handelt es sich im eigentlichen Sinne um eine Integration der Teilfunktionen "Antreiben" und "Fügen". Denn mit der Befestigung des n.f.l. Bauteiles an den Montagepartner erfolgt gleichzeitig eine Bewegungseinleitung in das n.f.l. Bauteil, indem der Montagepartner relativ am Fügewerkzeug entlangbewegt wird. Die im Merkmalsteil aufgeführten Eigenschaften sind daher stark abhängig von der - durch den Fügevorgang erzielten - Haltekraft zwischen dem n.f.l. Bauteil und dem Fügepartner. Diese Haltekraft kann durch Adhäsion oder Kohäsion in Verbindung mit Coulombscher Reibung (Andrücken) erreicht werden. Ein zusätzlicher Antrieb für das n.f.l. Bauteil ist in diesem Falle nicht nötig, allerdings ergeben sich durch die ziehende Kraftaufbringung bei dieser Bewegungseinleitung zum Teil starke Längendehnungen am n.f.l. Bauteil. Für dehnungsunempfindliche Bauteile und für Montageanwendungen, in denen Längendehnungen des n.f.l. Bauteiles tolerierbar sind, ist dieser Antrieb grundsätzlich zu bevorzugen.

Die Adhäsion kann auch bei Bauteilen mit einer Klebeschicht, die von einer Schutzfolie bedeckt werden, für einen Antriebsmechanismus genützt werden. Die Transportkraft wird durch das Abziehen der Folie um eine Umlenkkante auf das Bauteil aufgebracht. Die Umlenkkante ist spitzwinklig zu gestalten, so daß lediglich die Abdeckfolie und nicht das n.f.l. Bauteil umgelenkt wird.

Durch die Einleitung eines Fluids kann ebenfalls eine zwar geringe aber oft ausreichende Transportkraft erzielt werden. Für den fluidischen Antrieb eignet sich die Druckluft, die nach /89/ im allgemeinen als dichteveränderliches Fluid aufzufassen ist, recht gut, da sie bereits in den Produktionsbetrieben als Medium vorhanden ist. Durch das Vorbeiströmen der Luft wird eine Reibkraft am n.f.l. Bauteil erzeugt, durch die der Transport realisiert wird.

5.4.1.2   Antriebssteuerung und -regelung

Die Montage eines n.f.l. Bauteiles ist gekennzeichnet durch Geschwindigkeits-
änderungen. Dabei tritt das Problem auf, daß die Zuführgeschwindigkeit des
Bauteiles im Werkzeug an die Fügegeschwindigkeit angepaßt werden muß. Die
Anpassung kann gemäß den Begriffen aus der Regelungstechnik /90/ durch eine
Regelung bzw. durch eine Steuerung erfolgen.

Während die Steuerung nach einem Steuergesetz und im Rahmen einer Wir-
kungskette auf das zu steuernde System (die Zuführgeschwindigkeit) einwirkt,
erfolgt die Regelung in einem Wirkungskreislauf. Durch die Regelung kann
somit die Anpassung der Zuführ- an die Fügegeschwindigkeit kontrolliert werden. Der Einfluß unvorhergesehener Störungen und Parameteränderungen (z.B.
Änderung der Fügegeschwindigkeit) wird durch einen ständigen Vergleich des
Ist- mit dem Sollwert weitestgehend ausgeschaltet.

Zur Vermeidung kostenintensiver und arbeitsaufwendiger Lösungen werden im
Konstruktionskatalog "Antriebssteuerungen und -regelungen" (Bild 5.22) einfache Möglichkeiten einer Synchronisierung der Zuführ- an die Fügegeschwindigkeit des n.f.l. vorgestellt. Bei fast allen Lösungsansätzen wird insbesondere der
- für die Vermeidung von Längendehnung interessante - Effekt genutzt, daß die
Antriebe die n.f.l. Bauteile gegen den Fügewiderstand problemlos anschieben
können, solange die Schubkraft das einmal montierte Bauteil nicht wieder vom
Montagepartner löst. Die Regelungsaufgabe wird dadurch wesentlich vereinfacht.

Die im Konstruktionskatalog (Bild 5.22) vorgeschlagenen Antriebsregelungen
benötigen mindestens einen Vorschubmechanismus vor dem Meßglied des Re-
gelkreises. Als Meßglieder eignen sich triviale Ein- und Ausschaltmechanismen,
wie sie im Konstruktionskatalog vorgestellt werden. Der Antrieb ist so auszulegen, daß er eine konstante Vorschubgeschwindigkeit liefern kann, die größer als
die maximale Fügegeschwindigkeit ist. Die zu hoch angesetzte Vorschubge-

Gliederungsteil	Hauptteil		Merkmalsteil		
System	Benennung	Skizze	Beschleunigung	Zuverlässigkeit	Synchronisierung
geregelter Antrieb (Schaltsensoren)	Kontaktschalter		sehr gut	gut	gut
	Lichtschranke		sehr gut	mittel	gut
selbstregelnder, schlupfbehafteter Antrieb	Exzenterantrieb		gut	gut	gut
	Bürstenantrieb		mittel	gut	gut
	Fluidischer Antrieb		mittel	mittel	gut
gesteuerter Antrieb	Geschwindigkeitsvorgabe durch die Steuerung des Handhabungsgerätes		sehr gut	sehr gut	schlecht

1: nicht formstabiles Bauteil
2: mechanischer Schalter
3: Lichtschranke
4: Andruckrolle
5: Exzenterrad
6: Bürstenrad
7: strömendes Fluid
8: Steuerung des Handhabungsgerätes
9: Schrittmotorantrieb

⟶ Transportbewegung
— ⟶ Antriebsbewegung

Bild 5.22: **Konstruktionskatalog "Antriebssteuerungen und -regelungen"**

schwindigkeit verursacht einen Aufstau des n.f.l. Bauteiles, wodurch das Meßglied betätigt und der Antrieb ausgeschaltet wird. Ist der Aufstau durch die in der Regel vorhandene Einzugskraft des Fügemechanismus (passiver Antrieb) abgearbeitet, so wird der Antrieb wieder zugeschaltet. Wesentlich für die Genauigkeit des Vorschubs ist der Abstand der Meßglieder vom Fügeort. Ist der Abstand zu groß, können andere Ursachen, wie z.B. Reibung in den Führungen, zu einem Aufstau führen und ein Abschalten des Antriebes verursachen. Dabei verschlechtert sich die Synchronisierung zwischen der Zuführ- und Fügegeschwindigkeit des n.f.l. Bauteils.

Eine weitere Vereinfachung der Regelung kann durch sogenannte selbstregelnde, schlupfbehaftete Antriebe realisiert werden, die den gesamten Regelkreis inclusive der Meßglieder in sich vereinigen. Anders als bei den vorgestellten geregelten Antrieben führt der Aufstau nicht zu einem Schaltungssignal, das den Antrieb abschaltet. Vielmehr führt der langsam einsetzende Aufstau zu einer stetigen Erhöhung der für den Vorschub erforderlichen Kraft, worauf sich ein größerer Schlupf am Antrieb einstellt. Die maximale Vorschubkraft des Antriebes ist durch die Vorspannkraft zwischen dem eigentlichen Wirkkörper (Exzenter oder Bürstenrolle) und dem Gegenhalter (Rolle) festlegbar. Beim Bürstenantrieb entsteht der Schlupf dadurch, daß die Bürsten am n.f.l. Bauteil entlangrutschen. Hingegen beim Exzenterantrieb wird das n.f.l. Bauteil zunächst gegen die Andruckrolle gedrückt und in Fügerichtung gestaucht. Hat der Exzenter die Andruckrolle passiert, so erfolgt bis zum nächsten Antriebsimpuls eine Rückstellung der Verformung. Wesentlich bei der Auslegung der Antriebe ist das dynamische Ansprechverhalten des Vorschubs auf sich ändernde Fügegeschwindigkeiten. Je schneller die Vorschubgeschwindigkeit erhöht werden muß, desto höher sind nach Gleichung 5.1 die Beschleunigungskräfte F, die durch die Vorschubkraft des Antriebs aufzubringen sind /91/.

*Beschleunigungskraft F = m * a = m * dv/dt*   *(Gl. 5.1)*

m: Masse

a: Beschleunigung

dv/dt: Ableitung der Geschwindigkeit nach der Zeit

Aus diesem Grunde sind die selbstregelnden, schlupfbehafteten Antriebe für Anwendungen, in denen hohe Beschleunigungen nötig sind, weniger geeignet.

Statt durch eine Regelung innerhalb des Werkzeuges kann die Vorschubgeschwindigkeit des n.f.l. Bauteiles auch durch eine externe Steuerung vorgegeben werden. Ein gesteuerter Antrieb bietet sich insbesondere beim Einsatz eines Industrieroboters als Handhabungsgerät an, bei dem sich die absolute Bahngeschwindigkeit des Werkzeuges, das durch den Roboter bewegt wird, als analoges Signal ausgeben läßt. Mit diesem Signal läßt sich die Vorschubgeschwindigkeit des Antriebes (z.B. Schrittmotor) zur Verlegegeschwindigkeit des n.f.l. Bauteiles synchronisieren. Durch die genaue Angabe der Vorschubgeschwindigkeit ist es möglich, einen ohne Schlupf arbeitenden Antrieb einzusetzen, der eine hohe Kraftübertragung und ein gutes Beschleunigungsverhalten bei der Zuführung der deformierbaren Bauteile aufweist. Entscheidend für die Synchronisierungsgenauigkeit der Steuerung ist allerdings, daß die mathematische Lage des Austrittsortes für das deformierbare Bauteil am Werkzeug mit der mechanischen Lage im Roboterkoordinatensystem übereinstimmt. Ist dies nicht der Fall, ergeben sich Berechnungsfehler bei der Ermittlung der Vorschubgeschwindigkeit, die die Zuverlässigkeit dieses Antriebes mindern. Nicht einsetzbar ist dieser Antrieb bei Werkzeugen, die Abweichungen der realen Verlegebahn des deformierbaren Bauteiles zur Roboterbewegung ausgleichen können (Toleranzausgleich bei Bahnabweichung Kapitel 5.4.6). Bei diesen Werkzeugen weicht die Bewegungsbahn des Roboters von der Verlegebahn des deformierbaren Bauteils ab, wodurch die auf die Bewegung des Roboters basierende Berechnung der Vorschubgeschwindigkeit fehlerhaft wird.

5.4.2 Führungen

Die Führungselemente haben die Aufgabe, das nicht formstabile langgestreckte Bauteil von seinem Bereitstellungsort zu seinem Fügeort zu bringen. Die besonderen Merkmale dieser Führungen sind wiederum von den individuellen Eigenschaften des Bauteiles und seinen Anforderungen abhängig. Die prinzipiellen Lösungen für diese Aufgabe zeigt Bild 5.23.

Gliederungsteil	Hauptteil		Zugriffsteil			
Art der Führung	Element	Skizze	Führungsgrad	Reibung	Trägheitsverhalten	Kosten
rollende Führungen	Rollenführung		mittel	gering	mittel	mittel
	Walzenführung		gering	gering	hoch	mittel
	Kugelführung		hoch	mittel	mittel	hoch
gleitende Führungen	Gleitschuhführung		mittel	hoch	gering	hoch
	Führungsrohre		hoch	hoch	gering	gering
	Führungsschlauch		hoch	mittel	gering	gering
	Führungsösen		hoch	gering	gering	gering

Bild 5.23: Konstruktionskatalog "Führungen" /20/

Die Auswahl aus diesen prinzipiellen Lösungen ist abhängig von der Art des Fügeortes. Ein bewegtes Verlegewerkzeug erfordert bei der stationären Bereitstellung des n.f.l. Bauteiles eine flexible Führung von Außen. Die Flexibilität kann durch die Verwendung von biegsamen Führungsschläuchen oder durch die Kombination aus mehreren Führungselementen erreicht werden.

Bei der Notwendigkeit, das Bauteil vor Verschmutzung oder Beschädigung zu schützen, ist es nötig, die Führung geschlossen, also als Führungsrohr oder Führungsschlauch zu gestalten. Die Flexibilität bei der Verwendung von Führungsrohren ist durch den Einsatz von Gelenken mit einer rollenden Führung im Gelenk denkbar.

Die Führung eines Bauteiles mit einem komplexen Querschnitt verlangt durch die Anforderung einer vorgegebenen Orientierung am Fügeort eine exakte Führung. Die Verdrillung des Bauteiles, die bei der Bereitstellung sehr häufig auftritt, erfordert oft große Kräfte, um das Bauteil wieder in seine ursprüngliche Orientierung zu bringen. Dieser große Kraftaufwand ist bei der Notwendigkeit einer exakten Führung nur durch ein formschlüssiges Führungselement aufzubringen, das genau der Kontur des Bauteiles entspricht. Die dabei auftretende Reibungskraft ist aber sehr groß und muß deshalb kompensiert werden. Außerdem sind reibungsminimierende Maßnahmen (Bild 5.24) zu treffen. In diesem Fall besteht der wesentliche Gesichtspunkt darin, die wirklich exakte Führung erst unmittelbar am Fügeort zu realisieren. Damit kann das exakte Führungselement möglichst kurz gestaltet werden, um die Berührfläche klein zu halten. Die Kraft beim

Gliederungs-teil	Hauptteil		Zugriffsteil		
	Benennung	Skizze	Wirkung	Herstellungs-aufwand	Folgen für den Betriebszustand der Führung
Werkstoffe	hohe Shorehärte beider Bauteile	1 / 2	gering	Shore-Härte vorgegeben am n.f.l. Bauteil	keine
Geometrie	geringe Berührflächen	1 / 2	mittel	geringe Oberflächen-bearbeitung	ungenauere Führung
	kleine Umschlingungs-winkel	1 / 2	mittel	geringer fertigungs-technischer Mehraufwand	geringe Verformung des Bauteils
Schmierung	festes Schmiermittel	1 / 3 / 2	gut	zusätzlicher Auftrag	Abrieb des Schmiermittels
	flüssiges Schmiermittel	1 / 3 / 2	gut	Fertigung von Zuführkanäle	Verschmutzung der Fügepartner
	gasförmiges Schmiermittel (Luftlagerung)	1 / 3 / 2	gut	Fertigung von Zuführkanäle	keine Verschmutzung, Lärmbelastung
Kinetik	oszillierende Bewegung der Führung	1 / 2	gut	Teuere Fertigung durch viele Einzelteile	Geräusch

1: deformierbares Bauteil   3: verschiedene Schmiermittel
2: berührendes Bauteil (Führung)

Bild 5.24: Konstruktionskatalog "Reibungsminimierende Maßnahmen"

Eintritt kann durch den Einsatz von zusätzlichen Führungselementen verringert werden, die das Bauelement lediglich vororientieren. Das n.f.l. Bauteil wird so bei der Annäherung an den Fügeort sukzessive in die richtige Orientierung gebracht.

Die reibungsminimierenden Maßnahmen lassen sich stets problemspezifisch einsetzen. Es gibt die Möglichkeit, diese Maßnahmen einzeln, aber auch kombiniert einzusetzen.

Ohne konstruktiven Aufwand am Montagewerkzeug lassen sich günstige Reibungswerte in den Führungen durch eine geeignete Werkstoffwahl der n.f.l. Bauteile erreichen. Dabei bewirkt eine höhere Shorehärte der deformierbaren Bauteile ein geringeres Eindringen von Rauhigkeitsspitzen, die bei der Fertigung in den Führungen entstehen, und reduziert dadurch die Reibkraft. Als Führungswerkstoff eignet sich PTFE (Poly-Tetra-Flour-Ethylen), das im Vergleich zu anderen Werkstoffen (Polyvinylchlorid, Polycarbonat, Polystyrol, Polyamid, Polyacetat, Stahl, Aluminium) ein günstigeres Reibungsverhalten aufweist.

Eine Verringerung der Berührflächen zwischen dem nicht formstabilen Bauteil und dem Führungselement führt zu einer Reduzierung der Fläche, bei der Rauhigkeitsspitzen der Führung in das Bauteil eindringen können. Bei zu kleinen Berührflächen wirken sich diese - bei einem weichen Bauteilmaterial - jedoch selbst wie Rauhigkeitsspitzen aus und erhöhen somit die Reibung.

Der Einfluß des Umschlingungswinkels läßt sich aus der Euler-Eytelweingleichung (Gl. 5.2) /92/ bestimmen. Sie zeigt, daß der Umschlingungswinkel möglichst klein zu wählen ist.

$$F = F_0 * e^{\mu \alpha} \qquad\qquad\qquad (Gl.\ 5.2)$$

$F = Zugkraft$ $\qquad\qquad\qquad F_0 = Eintrittskraft$

$\mu = Haftreibungskoeffizient$ $\qquad \alpha = Umschlingungswinkel$

Treten Kraftschwankungen am Eintritt eines gekrümmten Führungselementes auf, so werden diese durch den Einfluß der Umschlingungsreibung erheblich verstärkt, was oft zu Störungen führt.

Das Aufbringen von Schmiermitteln auf das n.f.l. Bauteil verringert die Reibungskraft, da die Rauhigkeitsspitzen weniger ausgeprägt ineinander eindringen können.

Ein festes, pulverartiges Schmiermittel ist meist schon in geringen Mengen auf dem Bauteil aufgebracht ausreichend, um die Reibung von der Bereitstellung bis zur Montage zu vermindern.

Die Verwendung eines flüssigen Schmiermittels bringt das Problem der Verschmutzung der Zuführung, des Fügewerkzeuges und des fertig montierten Bauteiles mit sich. Außerdem kann ein Schmiermittel die Haltekraft der Verbindung vermindern, so daß sich die zusammengefügten Bauteile, das n.f.l. Bauteil und der Fügepartner, leicht wieder voneinander lösen können. Wenn bei kleiner Fügekraft dennoch eine hohe Haltekraft gefordert wird, eignen sich insbesondere flüchtige Schmierstoffe, die sich rückstandsfrei nach erfolgter Montage an die Umgebung verflüchtigen.

Der Einsatz von gasförmigen "Schmiermitteln", also im günstigsten Fall von Druckluft zeigt bei manchen Problemstellungen ein gutes Ergebnis. Die Druckluft wird an Berührungsstellen zwischen dem n.f.l. Bauteil und dem Führungselement eingeblasen, und bringt somit den Effekt einer Luftlagerung. Die normal zur Berührungsoberfläche einwirkende Kraft darf aber nicht zu groß werden, da sonst das Luftpolster zusammengedrückt wird und wieder ein direkter Kontakt erfolgt, der eine erhöhte Reibung hervorruft. Die Luft entweicht nach dem Austritt aus der Führung und verursacht daher keine Verschmutzung. Die Nachteile einer solchen Schmierung sind die Geräuschentwicklung beim Austreten der Luft aus der Führung und die hohen Kosten, die durch den großen Druckluftverbrauch hervorgerufen werden.

Eine oszillierende Bewegung des Führungselementes ermöglicht es, den Kontakt zwischen dem Führungselement und dem nicht formstabilen Bauteil zeitlich stark zu begrenzen. Bei einer stark überkritischen Anregung eines Systems geht die Vergrößerungsfunktion gegen Null /93/. Das heißt in diesem Fall, daß die Dichtschnur dem Oszillieren des Führungselementes, auf Grund ihrer erheblich niedrigeren Eigenfrequenz, nicht mehr folgen kann. Sie bleibt deshalb annähernd in ihrer obersten Lage und wird von dem Führungselement immer nur kurz berührt. Nachteilig sind der Platzbedarf, der durch den Einsatz einer oszillierenden Mechanik entsteht, die dadurch entstehenden Mehrkosten und die ungenaue Führung des n.f.l. Bauteiles.

5.4.3 Fügemechanismen

Auch beim Fügevorgang ist die Vermeidung von Längendehnung ein wichtiger Gesichtspunkt und wird demzufolge im Merkmalsteil des Konstruktionskataloges (Bild 5.25) berücksichtigt. Während in den Führungen die rein durch Reibung auftretenden Längendehnungen durch einen schiebenden Antrieb weitestgehend kompensiert werden können, ist dies bei den Fügemechanismen schwer möglich. Die Ursache liegt in der Forminstabilität des nicht formstabilen Bauteils, das unter der einwirkenden Fügekraft gequetscht und damit in die Länge gedehnt wird. Eine vor dem Fügemechanismus aufgebrachte zu starke Vorschubkraft, die das n.f.l. Bauteil um den beim Fügen anfallenden Dehnungsbetrag zur Kompensation der Längendehnung stauchen soll, führt dann zu einer unzulässig starken Verformung oder Beschädigung des n.f.l. Bauteiles. Es ist daher schon bei der Auswahl auf besonders schonende Fügemechanismen zu achten, die einen geringen Reibungseinfluß auf das deformierbare Bauteil ausüben und die - weit wichtiger - keine wesentlich größeren als die maximal zum Fügen nötigen Kräfte durch eine günstige Kinematik aufbringen.

Wie bei den Führungen ist der Fügevorgang abhängig von der Gestaltung des nicht formstabilen Bauteils. Er wird aber noch von anderen Prozeßbedingungen, wie z.B. notwendige Fügekraft, Genauigkeit, Toleranzausgleich, usw., beein-

Gliederungsteil			Hauptteil	Zugriffsteil					
Effekt	Wirkbewegung	Stoffverhalten des Wirkkörpers	Skizze	Eignung für komplizierte Fügebahnen	Montagekraft	Toleranzausgleich	Vermeidung von Längendehnung	Zuverlässigkeit	Eignung für komplexen Querschnitt
Kraftschluss	linear	fest	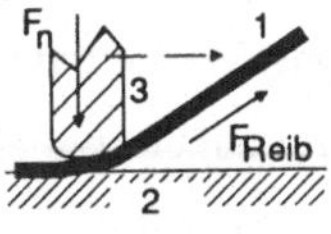	mittel	gut	mittel	schlecht	schlecht	gut
		elastisch	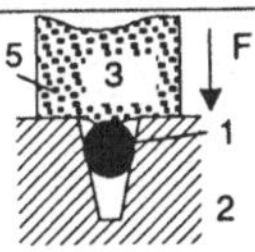	mittel	schlecht	gut	schlecht	schlecht	schlecht
	rotatorisch	fest	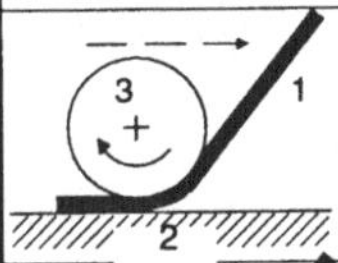	schlecht	gut	schlecht	gut	sehr gut	mittel
		elastisch	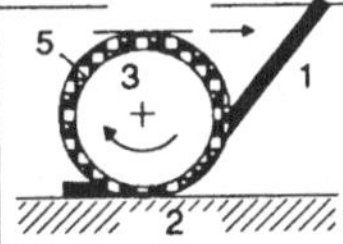	schlecht	schlecht	gut	gut	sehr gut	schlecht
	oszillierend	fest	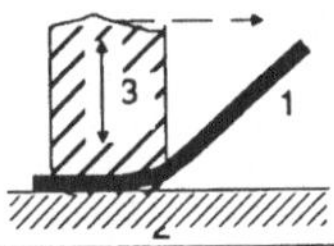	mittel	gut	mittel	sehr gut	gut	gut
		elastisch	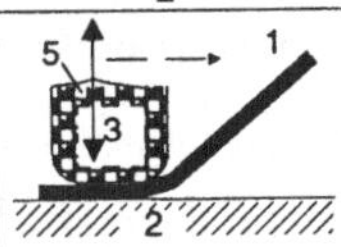	sehr gut	mittel	sehr gut	sehr gut	sehr gut	mittel
Strömungswiderstand	linear	gasförmig	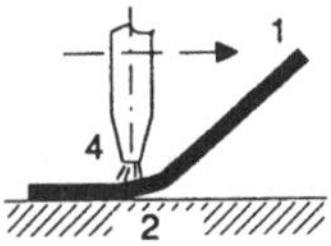	gut	schlecht	gut	sehr gut	mittel	schlecht

1: deformierbares Bauteil 3: Wirkkörper 5: elast. Stoff ⟶ Wirkbewegung
2: Montagepartner 4: Luftdüse F: Kräfte − − ⟶ Fügebewegung

Bild 5.25: Konstruktionkatalog "Fügemechanismus"

flußt. Geeignete Fügemechanismen lassen sich maßgebend aus der Festlegung des physikalischen Effektes, der Wirkbewegung und des Materialverhaltens zusammenstellen (Bild 5.25). Zur Ausgestaltung des Fügemechanismus kann die allgemeine Konstruktionsmethodik zusätzlich herangezogen werden. Eine Erläuterung des im Konstruktionskatalog aufgeführten Zugriffsteils wird nachfolgend durchgeführt.

Das Merkmal "Eignung für komplizierte Fügebahnen" ist dann erfüllt, wenn die Montage auch für einen Bahnverlauf ermöglicht wird, der aufgrund seiner vielen Richtungsänderungen nicht gerade als montagefreundlich anzusehen ist. Besondere Schwierigkeiten stellen in erster Linie Krümmungen mit sehr engen Radien und großen Winkeländerungen dar.

Unter Toleranzausgleich wird der vom Fügeprinzip selbst ermöglichte oder der durch die Gestaltung des Wirkkörpers erzeugte Ausgleich verstanden. Als wirksamer Toleranzausgleich konnten in praktischen Versuchen elastische Wirkkörper in Verbindung mit einer oszillierenden Wirkbewegung erfolgreich eingesetzt werden.

Die Längendehnungen, die durch den Reibungseinfluß während des Fügeprozesses entstehen, können durch einige der Maßnahmen reduziert werden, die bereits bei den Führungen erfolgreich einzusetzen sind (siehe Bild 5.24).

In erster Linie ist auf die Vermeidung von Gleitreibung zu achten. Daraus folgt, daß nach Möglichkeit auf eine rotatorische Wirkbewegung zurückgegriffen werden soll. Sind komplizierte mit engen Radien versehene Fügebahnen abzufahren, eignet sich eine oszillierende Wirkbewegung, die punktuell die nötige Fügekraft einleiten kann. Ein weiterer Vorteil der Oszillation liegt in der unterbrochenen Einleitung der Fügekraft. Unzulässige, beim Fügen verursachte Längenverformungen können sich durch das meist elastische Verhalten der n.f.l. Bauteile in der Zeit, in der der Fügemechanismus angehoben ist, zurückstellen.

5.4.4 Trennmechanismen

Eine sehr umfangreiche und daher auch unübersichtliche Katalogisierung von
Trennmechanismen liefert die DIN 8580 /10/. Speziell für das Trennen der n.f.l.
Bauteile werden - aus Gründen der Übersichtlichkeit - die in die engere Auswahl
kommenden Verfahren in einem Konstruktionskatalog dargestellt (Bild 5.26).

Unter den möglichen Verfahren bieten sich aus Kostengründen mechanische
Trennmechanismen wie das Messer oder die Säge an. Allerdings verursachen die
elastischen Bauteile bei der Verwendung von Messer und Säge zum Teil große
Probleme. Zum einen wird das Bauteil durch seine Forminstabilität beim Trennen
so stark verformt, daß die resultierende Schnittfläche nicht mehr in einer Ebene
liegt und es zu einem unsauberen, welligen Schnitt kommt. Zum anderen kann
die Verformung durch Klemmung des Messers den Trennvorgang gänzlich zum
Scheitern bringen.

Als alternative Trennmechanismen bieten sich zum Teil recht neue Verfahren wie
das Wasserstrahlschneiden und der Laser an. Allerdings sind die Beschaffungs-
kosten und die nötigen Sicherheitsmaßnahmen sehr hoch. Für bestimmte deformierbare Bauteile, die in der Regel nicht gummielastisch sind und nur eine sehr
geringe Shorehärte aufweisen (z.B. Schaumstoffe), eignet sich zum Trennen
insbesondere ein Heizdraht, der im glühenden Zustand durch das Bauteil fährt.
Dabei ist auf die Entstehung giftiger Gase zu achten, die eventuell einer Absau-
gung bedürfen.

Sind aus Kostengründen, die Säge oder das Messer einzusetzen, so kann mit Hilfe
geeigneter kinematischer und geometrischer Anordnung die Schnittgüte verbes-
sert werden. In einem weiter detaillierteren Konstruktionskatalog (Bild 5.27 u.
5.28) werden verschiedene Lösungen vorgestellt. Praktische Erfahrungen zeigen,
daß ein ziehender Schnitt, der eine senkrecht zur Schnittbewegung überlagerte
Scherbewegung aufweist, bei problematischen, elastischen Teilen günstig ist.

Gliederungs-teil	Hauptteil		Zugriffsteil							
	Benennung	Skizze	sonstiges	Beschaffungskosten	Betriebskosten	Zuverlässigkeit	Sicherheitsmaßnahmen	Raumbedarf	Material	Schnittgüte
mechanisch	Säge		plastische Verformung	gering	mittel	hoch	mittel	mittel	nicht klebende Materialien	schlecht
	Messer			mittel	gering	hoch	gering	gering	nicht klebende Materialien	mittel bis schlecht
thermisch	Heizdraht		Brandgefahr	mittel	gering	hoch	mittel	gering	niedrig schmelzende Schaumstoffe, dünne Kunststoffolien	mittel
	Heißgas	O2 + H2	Brandgefahr	hoch	hoch	mittel	mittel	mittel	alle schmelzenden Materialien	gut
	Laser	Laser	Brandgefahr	sehr hoch	hoch	mittel	sehr hoch	hoch	alle Materialien	sehr gut
pneumatisch, fluidisch	Druckwasser	H 2 O		sehr hoch	sehr hoch	mittel	mittel	sehr hoch	Kunststoffe, Schaumstoffe, Al-Folie	gut

Bild 5.26: Konstruktionskatalog "Trennmechanismen"

Gliederungsteil		Hauptteil	Zugriffsteil				
Anordnung	Wirkbewegung	Skizze	Beschaffungskosten	Kraftaufwand	Raumbedarf	Material	sonstiges
parallele Messer	einfach wirkend	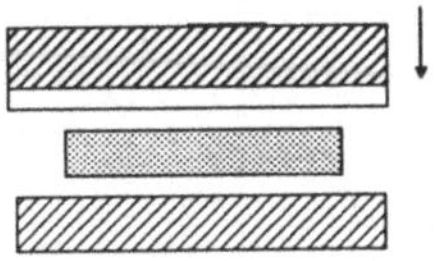	mittel	hoch	gering	alle nicht klebenden Materialien	Verformung nur in Scherzone
parallele Messer	doppelt wirkend	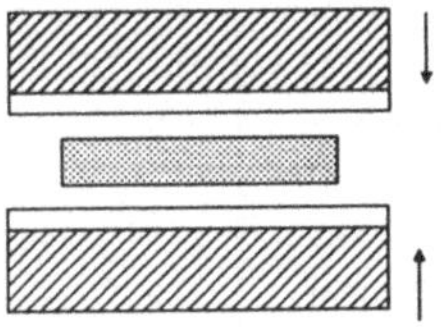	mittel	hoch	gering	alle nicht klebenden Materialien	Verformung nur in Scherzone
geneigte Messer	einfach wirkend	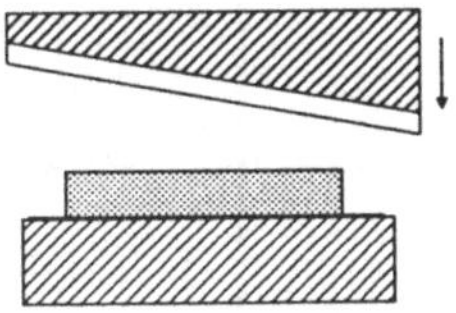	gering	gering	gering		Verformung in einem größeren Bereich
geneigte Messer	doppelt wirkend	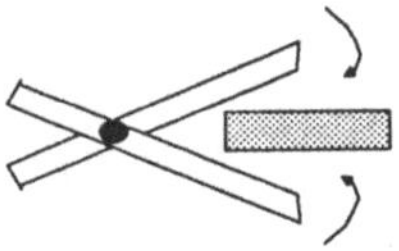	mittel	gering	mittel	vor allem dünne Folien	Verformung in einem größeren Bereich
geneigte Messer	einfach wirkend exzentrisch	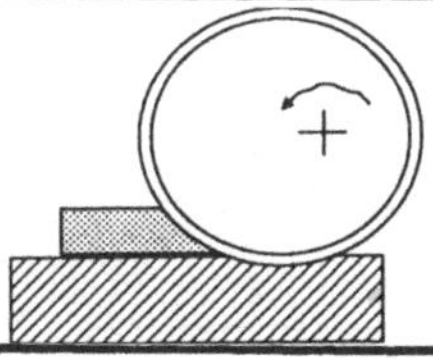	mittel	mittel	gering	weiche Materialien	Verformung in einem größeren Bereich

Bild 5.27: Spezieller Katalog für mechanische Trennmechanismen (Teil 1)

Gliederungsteil		Hauptteil	Zugriffsteil				
Anordnung	Wirkbewegung	Skizze	Beschaffungskosten	Kraftaufwand	Raumbedarf	Material	sonstiges
geneigte Messer	einfach wirkend rotatorisch mit translatorischer Zustellung	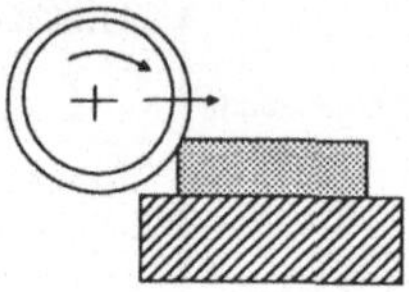	mittel	mittel	mittel	nicht geeignet für Folien	Verformung über größeren Bereich
	doppelt wirkend rotatorisch mit translatorischer Zustellung	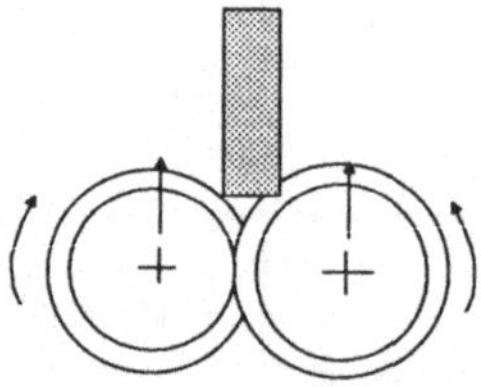	hoch	gering	hoch	dünne Folien	Verformung nur in Scherzone
Säge	einfach wirkend translatorisch mit translatorischer Zustellung	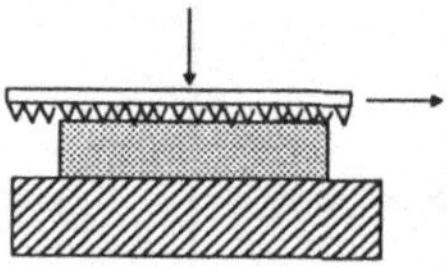	mittel	gering	hoch	nicht geeignet für Folien	Materialabtrag
	einfach wirkend rotatorisch mit translatorischer Zustellung	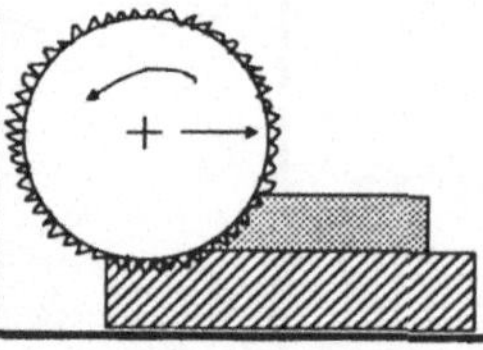	mittel	gering	mittel		

Bild 5.28: Spezieller Katalog für mechanische Trennmechanismen (Teil 2)

5.4.5 Funktionsvereinigung und -trennung (Integral- und Differentialbauweise)

Die Zugänglichkeit des Montagewerkzeuges zum Montagepartner ist oft entscheidend für die Realisierung der Automatisierung. Eine kompakte Bauweise des Werkzeuges ist daher wünschenswert und kann unter anderem durch eine Funktionsvereinigung mehrerer Teilfunktionen in einem Element erfüllt werden.

Betrachtet man die für die Teilfunktionen Antreiben, Führen und Fügen aufgestellten Konstruktionskataloge, so werden einige Effekte für verschiedene Teilfunktionen genutzt. Eine Funktionsvereinigung bietet sich folglich an. In Bild 5.29 wird die Funktionsvereinigung von Antreiben und Führen an einem konkreten Beispiel erläutert.

Bei der Funktionstrennung liegt eine konstruktiv klare Aufteilung des Antriebes und der Führung vor. Es ist ein modularer Aufbau möglich, bei dem Antriebs- oder Führungselemente nach Bedarf aneinandergesetzt werden können. Die Art der Elemente kann anforderungsgerecht ausgewählt werden.

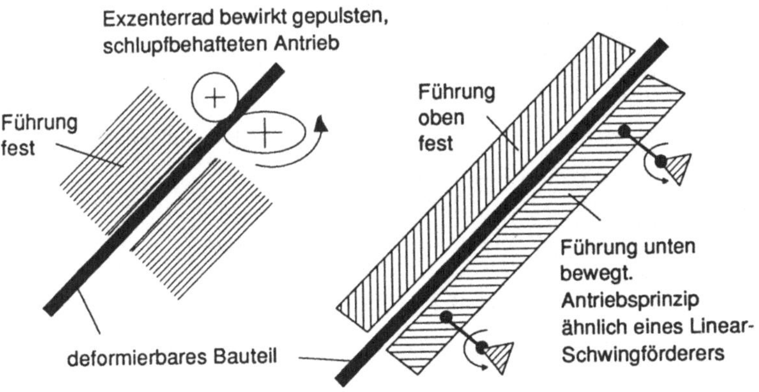

Bild 5.29: Beispiel einer Funktionstrennung

Bei der Funktionsvereinigung können die Führung und der Antrieb innerhalb eines Elementes vereint sein. Der Wirkkörper der Antriebseinheit (im konkreten Beispiel die untere Führung) kann durch entsprechende gestaltliche Maßnahmen (Ausrundung, Kerben, Bünde, usw.) auch Führungsaufgaben übernehmen. Ein weiterer Schritt zur Funktionsvereinigung ist die Miteinbeziehung der Reibungsminderung. So ist es z.B. möglich, die untere Führung ähnlich bei einem Schwingförderer in Transportrichtung oszillierend zu bewegen, wobei durch eine überlagerte Auf- und Abbewegung der Berührungskontakt zum Bauteil wiederholt unterbrochen wird. Da es sich hierbei um einen schlupfbehafteten Vorschub handelt, eignet er sich als selbstregelnder Mechanismus gut für eine Synchronisation von Zuführ- und Fügegeschwindigkeit. Somit sind alle Anforderungen, Führung, Reibungsminderung, Vorschub und Regelung in einem Bauelement vereint. Ein solches Bauelement hat außerdem einen sehr geringen Platzbedarf, so daß es gut direkt an der Fügestelle verwendet werden kann, ohne die Montage bzw. die Zugänglichkeit zur Fügestelle zu beeinträchtigen.

5.4.6 Toleranzausgleichende Mechanismen

Bei der Montage von n.f.l. Bauteilen ist die genaue und schnelle Verfolgung der Fügebahn ausschlaggebend für die Zuverlässigkeit und Rentabilität der automatischen Montagestation. Für die Montage kann allerdings keine exakte Fügebahn vorausgesetzt werden, da ihr Verlauf durch die im folgenden aufgeführten Toleranzeinflüsse manipuliert sein kann:

- Fertigungstoleranzen des Montagepartners,

- Toleranzen bei der Bereitstellung des Montagepartners,

- Greiftoleranzen,

- Bahnabweichungen durch das Handhabungsgerät.

Neben dem Ausgleich von Fertigungsfehlern und Bereitstellungsabweichungen bietet ein solcher toleranzausgleichender Mechanismus zudem die Möglichkeit, die Montagegeschwindigkeit zu erhöhen, da die Fügebahn weniger exakt und damit vom Handhabungsgerät schneller abgefahren werden kann.

Der Toleranzausgleich kann zum einen durch den Einsatz einer Sensorik oder durch eine Mechanik realisiert werden. Die bisher gemachten Erfahrungen zeigen auf, daß die sensorischen Lösungen im Vergleich zu mechanischen Lösungen um vieles aufwendiger und weniger effektiv sind. Hohe Anschaffungskosten der Sensoren und hohe Entwicklungskosten für die Datenaufbereitung wirken sich negativ auf die Rentabilität aus. Die Transformation der durch die Sensorik aufgenommenen Geometriedaten in entsprechende Bahnkorrekturen des Handhabungsgerätes ist durch die leistungsschwachen Steuerungen der Handhabungsgeräte in der Regel sehr zeitaufwendig, wodurch sich die Montagezeit verlangsamt. Aufgrund der genannten Unzulänglichkeiten ist ein mechanischer Toleranzausgleich grundsätzlich empfehlenswert.

Für den Ausgleichsmechanismus sind primär zwei Komponenten vorzusehen. Zum einen ein Abtastelement, das den Verlauf der Fügebahn folgt und über eine mechanische Kopplung das Fügewerkzeug entsprechend ausrichtet. Zum anderen ein beweglicher Mechanismus, der zur Ausrichtung des Fügewerkzeuges dient.

Nach den Gesetzen der Mechanik ist die Lage des Fügewerkzeuges durch sechs Freiheitsgrade im Raum bestimmt. Insgesamt sind maximal fünf - zwei translatorische und drei rotatorische - Ausgleichsbewegungen zu realisieren, da in Bewegungsrichtung des Werkzeuges für nicht

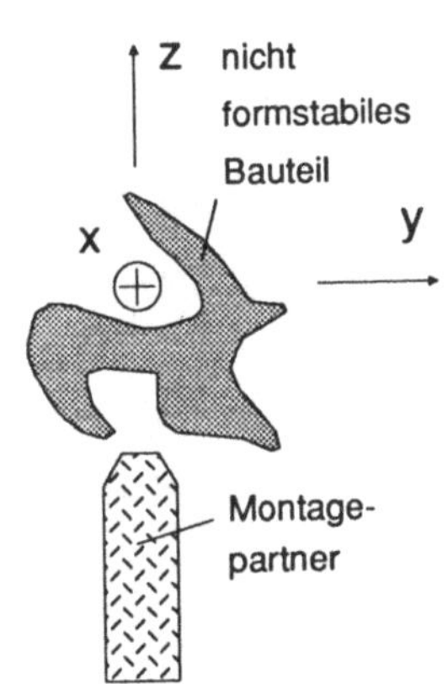

Bild 5.30: Freiheitsgrade des n.f.l. Bauteils

97

eckige Bauteile in der Regel kein Ausgleich notwendig ist (Bild 5.30). Der Toleranzausgleich in den beiden translatorischen (y- und z-Achse) Richtungen und in der Drehung um die z-Achse ist, wie die Praxis zeigte, meist ausreichend. Für komplexe Querschnitte des nicht formstabilen Bauteils kann der Ausgleich um die x-Achse nützlich sein. Bei der automatisierten Montage muß dabei jeweils von Fall zu Fall analysiert werden, welche Freiheitsgrade auf der einen Seite notwendig sind, um einen optimalen Toleranzausgleich zu gewährleisten. Auf der anderen Seite sollte eine statisch unbestimmte Lagerung vermieden werden, damit die Lage des Werkzeuges im Raum eindeutig definiert ist.

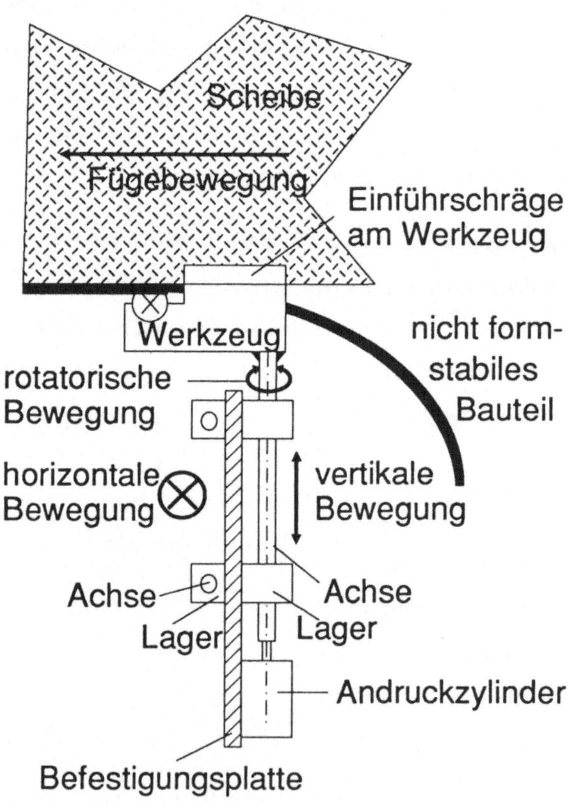

Bild 5.31: Toleranzen ausgleichender Mechanismus

Der toleranzausgleichende Mechanismus kann sowohl am Fügewerkzeug als auch am Befestigungselement (Greifer oder Positioniervorrichtung) des Montagepartners angebracht werden. Ebenso ist eine an Fügewerkzeug und Montagepartner verteilte Anbringung des Ausgleichsmechanismus möglich.

Bild 5.31 zeigt einen Ausgleichsmechanismus für ein Fügewerkzeug, der zwei translatorische und einen rotatorischen Freiheitsgrad vorsieht. Zu beachten ist vor allem der vertikale Toleranzausgleich, der das Werkzeug durch einen Andruckzylinder gegen den Montagepartner (Scheibe) andrückt. Da die Zustellbewegung des Werkzeuges mit der Wirkungslinie des Andruckzylinders zusammenfällt, kann mit der Druckluft die Zustellkraft des Andruckzylinders und damit die Fügekraft des Werkzeuges eingestellt werden.

6 Simulation des Fügeprozesses mit der Finiten-Elemente-Methode

Durch eine frühzeitige Simulation des Fügeprozesses bereits während der Konstruktion des nicht formstabilen Bauteiles können wichtige Erfahrungen bzw. Aussagen abgeleitet werden, die positiv auf die montagegerechte Produktgestaltung einwirken können. Aufwendige Prototypenfertigungen und Fügeversuche können so reduziert werden.

6.1 Allgemeines

Die Finite-Elemente-Methode (FEM) ist ein universelles Hilfsmittel zur Behandlung von komplexen Rechenproblemen auf vielen Gebieten des Ingenieurwesens. Mögliche Anwendungsgebiete sind:

- Festkörpermechanik,

- Strukturmechanik,

- Wärmeübertragung,

- Akustik,

- Strömungsmechanik,

- u.v.a..

Dabei können sowohl statische als auch dynamische Problemstellungen gelöst werden. Für all diese Problemstellungen gibt es eine grundlegende Vorgehensweise /94/. Die zentralen Vorgehensschritte werden im folgenden aufgezeigt:

1. Formulierung der zu lösenden Aufgabe als Variationsproblem oder als Beziehung des gewichteten Restes,

2. Diskretisierung dieser Formulierung mit Finiten Elementen,

3. Lösung der sich daraus ergebenden Finite-Elemente-Gleichungen:

- Formulierung der Matrizen des aus Finiten Elementen bestehenden Objektes,

- Numerische Integration zur Berechnung der Matrizen,

- Zusammenfassung der einzelnen Elementmatrizen zu Matrizen, die dem gesamten Finite-Elemente-System entsprechen,

- Numerische Lösung dieser Gleichungen.

Das Aufstellen und das Lösen der Gleichungen übernimmt das Finite-Elemente-Programm. Die Formulierung und Diskretisierung erfolgt durch die Eingabe der folgenden Prozeßbedingungen:

1. Aktuelles physikalisches Problem:

- Geometrie,

- Material,

- Belastung,

- Randbedingungen.

2. Mechanische Idealisierung:

- Kinematik: z.B.:   Stab, Symmetrie, ebener Spannungszustand, 3-Dimensionalität, usw.,

- Material: z.B.:   linear, nichtlinear, elastisch-plastisch, kriechendes Material, hyperelastisch, viskoplastisches Material,

- Belastung: z.B.:   Einzelkraft, Reibungskraft, Zentrifugalkraft,

- Randbedingungen: z.B.: vorgeschriebene Verschiebung, einge-
schränkte Freiheitsgrade.

3. Finite-Elemente-Lösung:

- Wahl der Elemente,

- Lösungsverfahren: z.B.: statisch-linear, statisch-nichtlinear, dy-
namisch.

Die numerischen Verfahren der Finiten-Elemente-Methode sind in /95, 96, 97/ näher erläutert.

Das zur Berechnung und Ergebnisdarstellung nötige Finite-Elemente-Paket besteht aus dem eigentlichen Berechnungsprogramm und einem Pre- und Postprozessor. Der Preprozessor dient zur Geometriedarstellung des verformbaren Körpers. Zusätzlich besteht die Möglichkeit anhand dieser Geometrie Knoten und ein dazugehöriges finites Elementnetz zu generieren. Die Knoten- und Elementanordnungen können spezifisch für das jeweilige Finite-Elemente-Berechnungsprogramm optimiert werden. Materialdaten, Elementtypen und diverse Randbedingungen können ebenfalls definiert werden /98/.

Der Postprozessor gestattet insbesondere die graphisch übersichtliche Darstellung der Ergebnisse der Finiten-Elemente-Berechnung. So können die Verschiebungen und Verformungen sowie die daraus resultierenden Kraft-, Spannungs- und Energieverteilungen innerhalb der deformierten Elementstrukturen visualisiert werden. /99/ Eine weitere oft aussagefähigere Darstellungsmöglichkeit bieten Diagramme, in denen z.B. resultierende Kräfte, Spannungen, usw. in Abhängigkeit von der Verformung dargestellt sind.

Das eigentliche Finite-Elemente-Programm (z.B. ABAQUS) /100, 101/ ist ein separates Programmpaket, das durch den Pre- und Postprozessor wesentlich unterstützt und komfortabler gemacht wird. Unterschiedliche Berechnung von statisch-linearen, statisch-nichtlinearen und dynamischen Spannungs- und Verformungszuständen, etc. sind insbesondere für die n.f.l. Bauteile durchzuführen. Es erfolgte daher die Auswahl von ABAQUS als Finite-Elemente-Berechnungsprogramm, das besonders für nichtlineare Berechnungen gummielastischer Werkstoffe geeignet ist.

6.2 Anforderungen der Fügeprozeß-Simulation an die Finite-Elemente-Methode

Im Vergleich zu einer statischen Festigkeitsberechnung elastischer Materialien, wie z.B bei einem eingespannten, stählernen Biegebalken, stellt die Simulation eines Fügeprozesses von deformierbaren Bauteilen weit höhere Anforderungen an das Finite-Elemente Berechnungspaket:

- Darstellung und Berechnung von Bewegung,

- Beschreibung des Stoffverhaltens der nicht formstabilen Bauteile,

- Berücksichtigung des Reibungseinflusses,

- kurze Berechnungszeiten.

Die Simulation von Fügebewegungen kann durch eine rein statische Berechnung nicht mehr durchgeführt werden, es ist daher eine dynamische Berechnung oder eine quasistatische Berechnung nötig. Sind geschwindigkeitsabhängige Trägheitseinflüsse bei der Fügebewegung auszuschließen, empfiehlt sich die quasistatische Berechnung, was sich positiv auf die Rechenzeiten auswirkt. Bei der quasistatischen Berechnung erfolgt die Bewegung in inkrementalen Schritten, die die Gleichgewichtsbedingung gemäß eines Konvergenzkriteriums (z.B Restkräfte an den Elementknoten) erfüllen müssen.

Die Materialien der deformierbaren Bauteile kommen hauptsächlich aus dem Bereich der Kunststoff-, Schaumstoff- und Kautschuktechnik und weisen kein lineares sondern nichtlinear elastisches, elastoplastisches, etc. Stoffverhalten auf. Desweiteren treten durch den Einfluß der Reibung weitere Nichtlinearitäten auf, die nur durch eine nichtlineare FE-Berechnung lösbar sind. Für die auftretenden Gummimaterialien wird vornehmlich eine linear-elastisch-inkompressible Berechnung durchgeführt /70, 102/.

6.3 Beschreibung des Stoffverhaltens und des Reibungseinflusses

6.3.1 Stoffgesetze und Materialparameter

Das Verhalten von Gummi oder gummiartigen, elastischen Materialien läßt sich für die Anwendung in der FEM nur sehr schwer beschreiben. Für kleine Verformungen ist es möglich, die Steifigkeits- und Spannungsberechnungen nach der linearen Elastizitätstheorie durchzuführen. Hierbei ist aber zu beachten, daß die Beschreibung der Inkompressibilität durch die Querkontraktion $v = 0,5$ nur näherungsweise erfüllt wird /103/.

Bei Aufgabenstellungen mit größeren Verschiebungen und Verzerrungen ist es notwendig, auf andere Theorien überzugehen. Es bietet sich an, die Materialgleichungen durch die Vorgabe der Funktion der Formänderungsenergie darzustellen.

Wie Rivlin in /104/ gezeigt hat, läßt sich die Formänderungsenergie eines isotropen inkompressiblen hyperelastischen Materials als Funktion der drei Dehnungsinvarianten darstellen. Diese Dehnungsinvarianten sind dabei aus den Verstreckungen λ_i in Hauptachsrichtung berechenbar /105/. Die Herleitung der Invarianten ist in /106/ dargestellt.

Die drei Dehnungsinvarianten lauten /105/:

$$I_1 = \lambda_1{}^2 + \lambda_2{}^2 + \lambda_3{}^2 \qquad\qquad (Gl.\ 6.1)$$

$$I_2 = \lambda_1{}^2 * \lambda_2{}^2 + \lambda_2{}^2 * \lambda_3{}^2 + \lambda_1{}^2 * \lambda_3{}^2)$$

$\lambda_i = l/l_0$ *(Verstreckungen, in*

$$I_3 = \lambda_1{}^2 * \lambda_2{}^2 * \lambda_3{}^2$$

den Hauptachsrichtungen 1,2,3)

l: momentane Länge   *l0: ursprüngliche Länge*

Durch die Inkompressibilität (konstantes Volumen) folgt, daß $I_3 = 1$ betragen muß /105/. Somit wird die elastisch speicherbare Energie zu einer Funktion von I_1 und I_2:

$$W = f(I_1(\lambda_i^2), I_2(\lambda_i^2, \lambda_j^2)); \qquad\qquad i = 1, 2; j = 1, 2 \qquad (Gl. 6.2)$$

Sie läßt sich durch die folgende Reihenentwicklung wiedergeben /104/:

$$W = \sum_{i,j=0}^{\infty} C_{ij} ((I_1 - 3)^i (I_2 - 3)^j) \qquad (Gl. 6.3)$$

Aus der Anfangsbedingung ($\lambda = 1$; $W = 0$) folgt: $C_{00} = 0$

Dieser Potenzreihenansatz führt zu den Materialgleichungen 1. und 2. Ordnung und in modifizierter Form, auch zu Materialgleichungen höherer Ordnung /105/.

Die Formänderungsarbeit für die Materialgleichung 1. Ordnung, das sogenannte Neo-Hookesche Gesetz lautet:

$$W = C_1 * (I_1\text{-}3) \quad C_1 = C_{10} \qquad (Gl. 6.4)$$

Die Formänderungsarbeit für die Materialgleichung 2. Ordnung, das sogenannte Mooney-Rivlinsche Gesetz lautet:

$$W = C_1 * (I_1\text{-}3) + C_2 * (I_2\text{-}3) \quad C_1 = C_{10}; C_2 = C_{01} \qquad (Gl. 6.5)$$

Die Bestimmung des Wertes für die Konstante C_1 erfolgt nach /103/ für das Neo-Hookesche Gesetz ($C_2=0$) nach der Gleichung:

$$C_1 = G/2 \qquad\qquad G : Schubmodul \qquad (Gl. 6.6)$$

Der Schubmodul wird üblicherweise anhand von Normversuchen ermittelt. Es ist aber auch möglich, die genormte Qualitätsangabe der Shore-Härte /107, 108, 109/, in Form von Tabellen oder Diagrammen, dem Schubmodul direkt zuzuordnen /110/ (Bild 6.1). Die Angaben streuen nach /103/ jedoch um bis zu 20 %. Da in der Praxis keine Mooney-Rivlin Konstanten ausgewertet werden und diese in sehr aufwendigen Versuchen zu ermitteln sind, bietet sich die Herleitung der

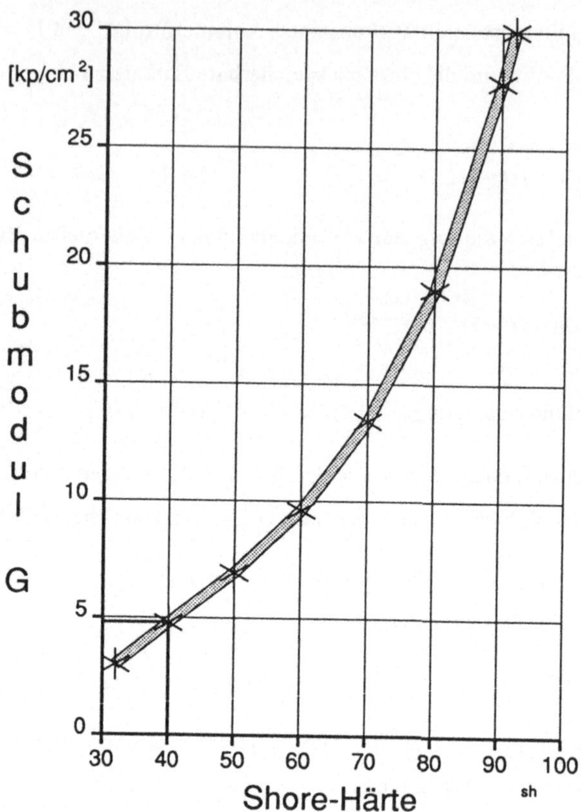

Bild 6.1:   Schubmodul in Abhängigkeit von der Shore-Härte /110/

Mooney-Rivlin Konstante aus der gängigen Shorehärte an. Allerdings reduziert dies das Mooney-Rivlinsche Stoffgesetz (Stoffgesetz 2. Ordnung) zu dem Neo-Hookeschen Stoffgesetz 1. Ordnung, welches bei rein mathematischer Betrachtungsweise das Stoffverhalten (Materialverhalten) weniger genau beschreibt, als Stoffgesetze höherer Ordnung.

Eine mathematisch genauere Beschreibung des Stoffverhaltens liefert die Mooney-Rivlinsche Materialgleichung (Gl. 6.5). Die Bestimmung der Konstanten C_1 und C_2 aus einer einachsigen Verformung des mit dem Stoffgesetz zu beschreibenden Gummiprobekörpers läßt sich wie folgt herleiten.

Als Ausgangsformel zu dieser Herleitung dient die Gleichung (Gl. 6.5).

$$W = C_1 * (I_1-3) + C_2 * (I_2-3)$$

Mit dem Einsetzen der expliziten Invarianten aus Gleichung (Gl. 6.1) erhält man:

$$W = C_1*(\lambda_1^2 + \lambda_2^2 + \lambda_3^2 - 3) + C_2 * (1/\lambda_1^2 + 1/\lambda_2^2 + 1/\lambda_3^2 - 3) \qquad (Gl.\ 6.7)$$

Für den Fall uniaxialer Dehnung, wie sie bei einem einachsigen Zug-/ Druckversuch auftritt, gilt /105/:

$$\lambda_3 = \lambda;\ \lambda_1 = \lambda_2 = \lambda^{-0,5}$$

Daraus folgt:

$$W = C_1 * (\lambda^2 + 2/\lambda -3) + C_2 * (\lambda^{-2} + 2\lambda - 3) \qquad (Gl.\ 6.8)$$

Die Spannung errechnet sich dann zu:

$$\sigma = dW/d\lambda = C_1 * (2\lambda - 2\lambda^{-2}) + C_2 * (\lambda - \lambda^{-2})$$

oder:

$$\sigma = 2 * (C_1 + C_2/\lambda) * (\lambda - \lambda^{-2}) \qquad (Gl.\ 6.9)$$

Zur Bestimmung der Werte für die Konstanten C1 und C2 (Mooney-Rivlinsches Stoffgesetz 2.ter Ordnung) muß demnach ein einachsiger Zug-Druckversuch durchgeführt werden /103/ (Bild 6.2). Aus dem Diagramm der verformungsabhängigen Spannung in Abhängigkeit von der Verstreckung lassen sich die Werte ermitteln. Aus der Gleichung (Gl. 6.9) ergibt sich: (Bild 6.2)

$$\frac{F}{2 A_0 (1- \lambda^3)} = C_1 * \lambda + C_2 \qquad (Gl.\ 6.10)$$

$Mit\ \dfrac{F}{A_0} = \sigma \qquad$ *F: Zug-/Druckkraft; A_0: ursprüngliche Querschnittsfläche*

$und\ \lambda = l/l_0 \qquad$ *l: verformte Länge; l_0: ursprüngliche Länge*

Der Verlauf der Kurve durch die Messwerte kann durch eine Gerade approximiert werden, aus der die Werte für C_1 und C_2 abgelesen, bzw. errechnet werden können. Eine andere Möglichkeit, die Werte zu erlangen, ist die Berechnung durch lineare Regression der Meßwerte.

Die Konstanten C_1 und C_2 in Gleichung(Gl. 6.9) sind nach /103/ über den Nichtlinearitätsparameter ß miteinander verknüpft.

$$C_1 = G/2 * (0{,}5 + \beta) \qquad\qquad\qquad (Gl.\ 6.11)$$

$$C_2 = G/2 * (0{,}5 - \beta) \qquad\qquad\qquad (Gl.\ 6.12)$$

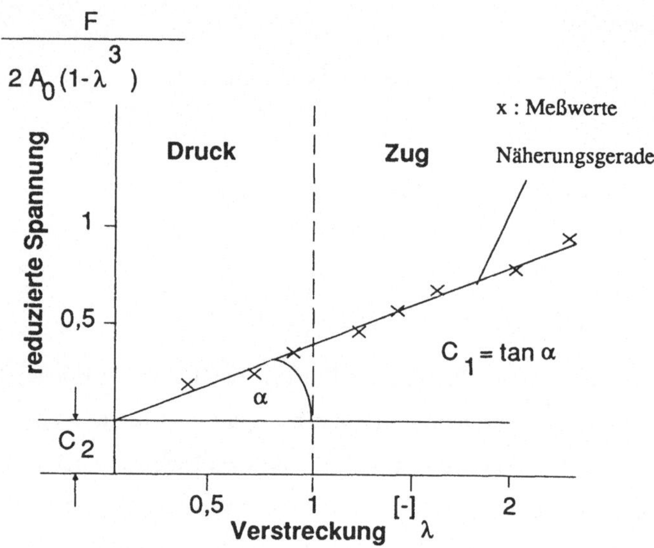

Bild 6.2: Bestimmung der Konstanten C_1 und C_2 /103/

6.3.2 Beurteilung der Materialgleichungen im realen Versuch

Die Plausibilitätsbetrachtungen erfolgen an einer Dichtschnur, die zur Abdichtung von Gehäuseteilen in eine Gehäusenut eingesetzt wird. Die Materialparameter werden für die Materialgleichungen der 1ten (Neo-Hooke) und der 2 ten

Ordnung (Mooney-Rivlin) ermittelt. Ein Zug- und ein Druckversuch, der mit der Dichtung durchzuführen ist, ist mit den Rechenergebnissen aus der Finiten-Elemente-Simulation zu vergleichen. Dabei ist festzustellen, welche der beiden Materialgleichungen für die Simulation mit Hilfe der Finiten-Elemente-Methode geeigneter ist. Eine schnelle und einfache Herleitung der Materialparameter und realitätsnahe Berechnungsergebnisse sind die maßgebenden Entscheidungskriterien.

Der Materialparameter C_1 für die Materialgleichung der 1 ten Ordnung (Neo-Hooke) ist bei bekannter Shore-Härte aus dem Diagramm in Bild 6.1 und der Gleichung 6.6 herzuleiten. Laut Herstellerangabe weist die Dichtschnur eine Shore-Härte von 40 sh auf. Die Materialparameter berechnen sich wie folgt:

$$C_1 = 0{,}235$$

$$C_2 = 0$$

Für das Mooney-Rivlinsche Stoffgesetz 2 ter Ordnung /105/ erfolgt die Herleitung der Materialparameter in einem aufwendigen und zeitintensiven Zugversuch /111/, da in der Regel über sie keine Herstellerangaben vorliegen. Die im Zugversuch ermittelten Meßwerte sind entsprechend Bild 6.2 in ein Diagramm einzutragen, das die reduzierte Spannung über die Verformung aufträgt. Anhand einer Näherungsgerade, die entlang der Meßwerte verläuft, sind die Materialparameter zu bestimmen. Der Schnittpunkt der Gerade mit der Y-Achse des Diagramms gibt dabei den Parameter C_2 an, während sich der Parameter C_1 aus dem Tangens des Steigungswinkels α errechnet. Es ergeben sich folgende Materialparameter:

$$C_1 = 0{,}2$$

$$C_2 = 0{,}035$$

In einem Zug- und einem Druckversuch gilt es nun die Ergebnisse der Finiten-Elemente-Methode mit den experimentellen Werten zu vergleichen.

Zugversuch:

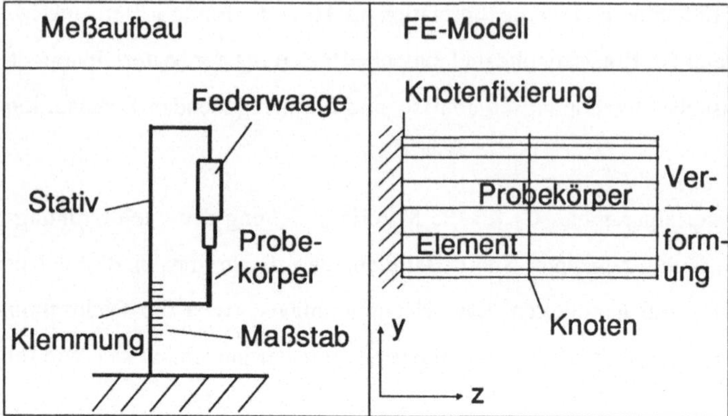

Bild 6.3:   Meßaufbau und Finite-Elemente-Modell

Der Meßaufbau für den Zugversuch an der Dichtschnur, die einen ringförmigen Querschnitt aufweist, ist in Bild 6.3 dargestellt. Für die Finite-Elemente-Berechnung, die für beide Materialgleichungen (Mooney-Rivlin und Neo-Hooke) durchzuführen ist, erfolgt die Geometrieerzeugung der Dichtschnur selbstverständlich nach den Abmessungen des Probekörpers im Meßaufbau. Die Befesti-

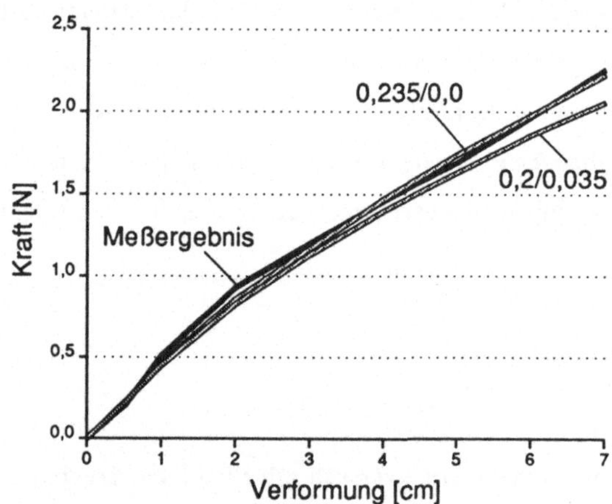

Bild 6.4:   Kräftediagramm zum Zugversuch

gung der Dichtschnur im Meßaufbau ist dabei im Finite-Elemente-Modell als Fixierung der Randknoten dargestellt. In Bild 6.4 sind die Kraftverläufe aus Meßaufbau und den beiden Finiten-Elementen-Berechnungen in einem Diagramm aufgezeigt. Die beste Näherung des Kraftverlaufes für die Simulation des Zugversuches ergibt sich also für die Materialparameterkombination der Neo-Hookeschen Materialgleichung.

Druckversuch:

Im Druckversuch wird die Dichtschnur gemäß Bild 6.5 in der Querschnittsebene gequetscht. Der Versuchsaufbau besteht aus einem Stativ mit Maßstab, an dem ein verschiebbarer Kragarm angebracht ist. Die Kraftmessung erfolgt durch eine Präzisionswaage.

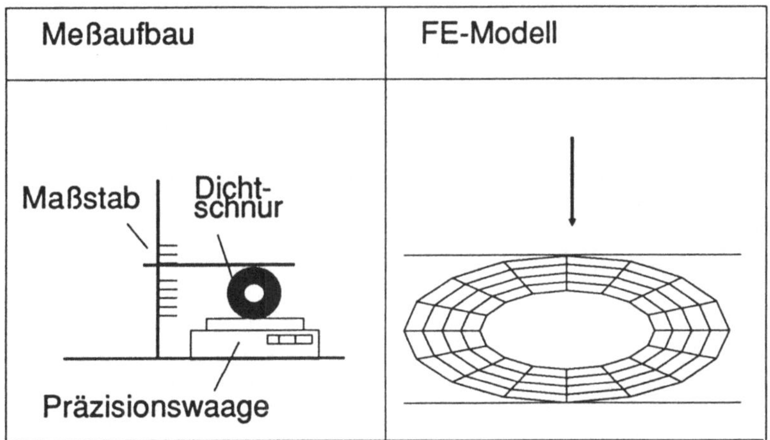

Bild 6.5: Meßaufbau und Finite-Elemente-Modell

Das Verformungsverhalten der Dichtschnur wird sowohl in einer 2-dimensionalen als auch 3-dimensionalen Modelldarstellung berechnet. Zwei Ebenen (Linien) verformen dabei den Dichtschnurquerschnitt. Betrachtet man die Kraftverläufe in Bild 6.6, so liegen die Kraftverläufe für die beiden unterschiedlichen Materialkombinationen annähernd deckungsgleich. Während die Kraftverläufe

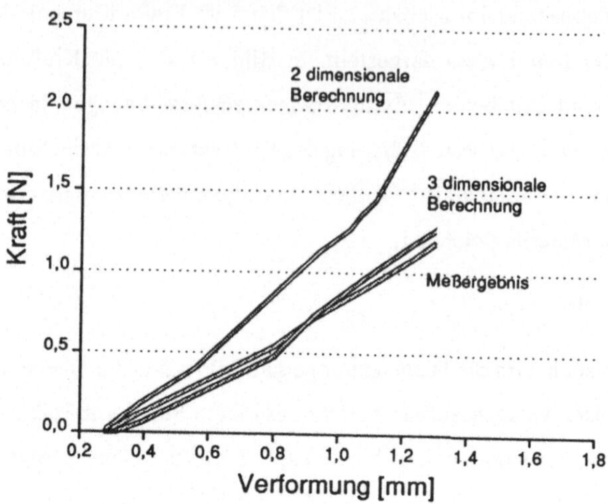

Bild 6.6:   Kräftediagramm zum Druckversuch

aus der 3-dimensionalen Berechnung dem Meßergebnis am nächsten kommen ergeben sich für die 2-dimensionalen Kraftverläufe Abweichungen von bis zu 40%. Eine 3-dimensionale Modelldarstellung läßt demnach eine quantitative Berechnung zu. Jedoch ist die Modellerzeugung und Ergebnissdarstellung um ein vielfaches aufwendiger als bei einem 2-dimensionalen Modell. Sind lediglich qualitative Abschätzungen zur Beurteilung eines Fügevorganges ausreichend, so empfiehlt es sich eine 2-dimensionale Modelldarstellung zu wählen.

Schlußbetrachtung:

Abgesehen von der 2-dimensionalen Berechnung, die aufgrund einer ungenauen Modelldarstellung und nicht durch ein unzureichendes Materialgesetz eine größere Abweichung vom realen Materialverhalten aufweist, zeigt der Vergleich eine ausreichende Übereinstimmung der im Experiment ermittelten mit den durch die Finite-Elemente-Methode errechneten Kraft-Verformungsdiagramme. Dabei gibt das Neo-Hooksche Stoffgesetz das reale Verhalten der Dichtschnur sowohl für den Zugversuch als auch für den Druckversuch am besten wieder,

obwohl das Mooney-Rivlinsche Stoffgesetz als Materialgesetz höherer Ordnung
das Materialverhalten genauer beschreiben müßte. Eine Erklärung wird in /105/
gegeben. Hier wird nachgewiesen, daß das Materialverhalten am zuverlässigsten
durch das Neo-Hooksche Materialgesetz beschrieben wird, wenn die Materialparameter in einer einachsigen, unidirektionalen Meßmethode (entweder Zug-
oder Druckversuch) ermittelt werden. Denn hier ist der Einfluß des Meßbereichs
(Messung der Druck- oder der Zugverformung) auf die Werkstoffparameter am
geringsten, so daß die Parameter auch für Berechnungen, die außerhalb des
Meßbereiches liegen, herangezogen werden können. Je höher die Ordnung der
Materialgesetze ist, desto schlechter beschreiben sie das Stoffverhalten außerhalb des im Meßversuch abgedeckten Bereichs /105/ und reagieren daher anfäl-
liger auf eine Veränderung des Meßwertbereichs. Der Grund dafür ist, daß das
wirkliche Materialverhalten auch von den Stoffgesetzen höherer Ordnung nur
unvollkommen beschrieben wird. Das Verhalten des Materials wird zwar innerhalb des Meßwertebereiches recht gut beschrieben, da das Stoffgesetz eine
Approximation der Materialkurve darstellt. Außerhalb dieses Meßwertbereiches
stellt das Stoffgesetz dagegen eine Extrapolation dar, die leicht durch die Eigenschaften des Endes des Meßbereiches (Tangente, Krümmung) zu starken Abweichungen führen kann. Stoffgesetze mit niedriger Ordnung (z.B. Neo-Hook) sind
durch ihren glatteren Verlauf in dieser Hinsicht weniger stark gefährdet.

Die Auswertung von Randwertproblemen, wie einfache Scherung, Zylinder unter
Innendruck und Torsion eines Kreiszylinders, zeigt, daß auch hier, wie bei den
einachsigen Versuchen, das Neo-Hookesche Materialgesetz die besten Ergebnisse bringt. /105/

Zusammenfassend läßt sich feststellen, daß das Neo-Hookesche Materialgesetz
für die betrachteten Belastungsfälle von Gummi oder gummiähnlichen Werkstoffen die beste Materialbeschreibung liefert. Das Mooney-Rivlin-Gesetz erbringt

im Bereich geringerer Verformungen gute Ergebnisse. Es stellt sich aber, bei der Ermittlung der Materialparameter durch Zugversuche mit hoher Dehnung, im Druckbereich eine physikalisch unsinnige Materialbeschreibung ein /105/.

Zur Ermittlung der Materialparameter für das Neo-Hookesche Gesetz empfiehlt es sich, zunächst die Werte des Schubmoduls bzw. der Shore-Härte anhand von einfachen Normversuchen /107, 109/ herzuleiten, wenn sie nicht schon über Firmenangaben vorliegen.

6.3.3 Reibwerte

Reibwerte, die sich durch die Werkstoffpaarung zwischen den im Fügewerkzeug verwendeten Kunststoffen und den Gummimaterialien der nicht formstabilen Bauteile ergeben, liegen meist nicht oder nicht exakt genug vor. Grund hierfür ist die Untauglichkeit der klassischen Coulomb'schen Reibungstheorie, deren zugrundeliegenden Gesetze lediglich für Metalle zutreffen /112/:

- die Reibkraft ist proportional der Normalkraft,

- der Reibwert ist unabhängig von der Kontaktfläche,

- die Haftreibung ist größer als die Gleitreibung,

- der Reibwert ist unabhängig von der Gleitgeschwindigkeit.

An geeigneten Ansätzen zur Erfassung des Reibungsverhaltens für Elastomere bzw. Polymere wird intensiv gearbeitet /112, 113, 114, 115, 116, 117, 118/, jedoch sind die bisherigen Ergebnisse lediglich auf abgegrenzte und genau definierte Problemstellungen beziehbar. Die Ermittlung der Werkstoffparameter ist überdies sehr aufwendig und zum größten Teil nicht genormt.

In /118/ wird eine Meßstation zur Ermittlung von Reibwerten an Polymerwerkstoffen vorgestellt. Eine Reihe unterschiedlicher Werkstoffpaarungen wurde untersucht. Aufgrund der Unvollständigkeit der ermittelten Reibwerte sind für die jeweilige Aufgabenstellung weitere Reibungsuntersuchungen durchzufüh-

ren, die insbesondere die Einflüsse der Fügegeschwindigkeit und der Material-
eigenschaften des zu montierenden Gummiteiles (Shorehärte, Oberflächenbe-
schaffenheit, Elastizitätsmodul, usw.) erfassen sollen.

Eine weitere Meßstation zur Ermittlung von Reibwerten wird in DIN 53 375 /119/
beschrieben. Es wird dabei betont, daß die so ermittelten Werte in erster Linie
zur Qualitätskontrolle herangezogen werden. Die Reibwerte sind lediglich als
grobe Richtwerte anzusehen und können für eine umfassende Beurteilung des
Reibverhaltens auf Verpackungs- oder Verarbeitungsmaschinen (Fügewerkzeuge) nicht herangezogen werden, da die Reibungsvorgänge unter den Bedin-
gungen der Praxis in der Regel von anderen Effekten begleitet sind, wie z.B.
elektrostatische Aufladung, Luftmitführung, lokale Temperaturerhöhungen, Ma-
terialabrieb, Mikroverschweißung, usw.. In einem eigens entwickelten Prüfstand
konnten diese Effekte bestätigt werden. Darüberhinaus wurde auch der Ge-
schwindigkeitseinfluß und der sehr starke Einfluß der Anpreßkraft auf die
Reibwerte festgestellt.

Die Reibwerte haben daher aufgrund der unterschiedlichen Einflußfaktoren zum
Teil eine erhebliche Streubreite. Zudem sind die Reibwerte beim Fügevorgang
einem ständigen Wechsel unterworfen, der insbesondere durch die sich während
des Fügeprozesses ändernden Anpreßkräfte, durch die unterschiedlichen Gleit-
geschwindigkeiten und durch die sich ständig ändernden Berührflächen hervorgerufen wird. So sind Reibwerte größer $\mu = 1$ durchaus möglich, wobei diese auf
Mikroverschweißungen zurückzuführen sind /112/. Aus den o.g. Gründen ist
daher die Berücksichtigung des Reibungseinflusses bei der Berechnung von
Fügeprozessen für gummielastische Materialien durch die Finiten-Elemente-Methode nicht möglich, solange es keine zuverlässigen Reibungsgesetze gibt und
diese Reibungsgesetze nicht in der Finiten-Elemente-Berechnung implementiert
sind.

6.4 Einsatz der Finiten-Elemente-Methode als Planungs- und Konstruktionshilfsmittel

Sind die an dem Fügeprozeß beteiligten Komponenten durch die Konstruktionsmethodik in ihrer Gestalt weitestgehend festgelegt, kann mit der Simulation des Fügeprozesses begonnen werden. Ziel ist es sowohl die einzelnen Komponenten geometrisch und materialspezifisch zu verbessern, als auch die Fügebewegung zu optimieren. Es empfiehlt sich, bereits frühzeitig Erfahrungen über das Verhalten und die Auswirkungen der Komponenten während der Montage zu erfassen. Dies kann bereits bei einer ersten Grobgestaltung der Komponenten durchgeführt werden.

Ein abstraktes, geometrisch einfach zu erzeugendes Modell ist schnell zu konfigurieren und kann gezielt auf eine bestimmte Fragestellung zweckdienliche Hinweise liefern. Am Beispiel eines Fensterziergummis soll dies veranschaulicht werden (Bild 6.7).

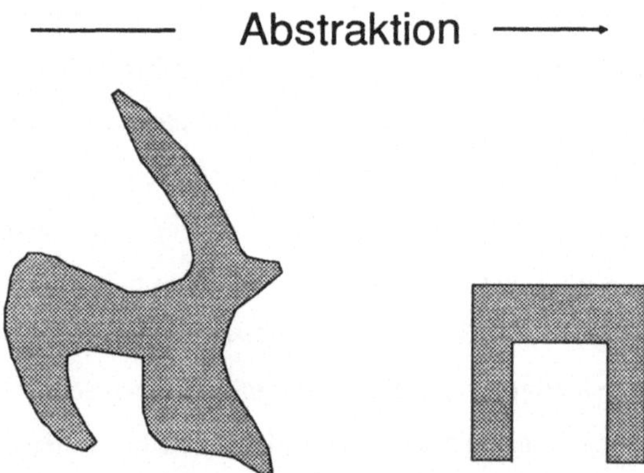

Bild 6.7:   Vereinfachung der Finite-Elemente-Berechnung durch Abstraktion

Der Querschnitt des Ziergummis ist in verschiedene Funktionsbereiche aufteilbar. Wesentlich für das Fügeverfahren "Zusammensetzen", bei dem der Ziergummi auf eine Kante des Montagepartners aufgesteckt werden soll, ist der durch ein U-Profil abstrahierte Bereich. Da die Geometrien der Komponenten einen maß-

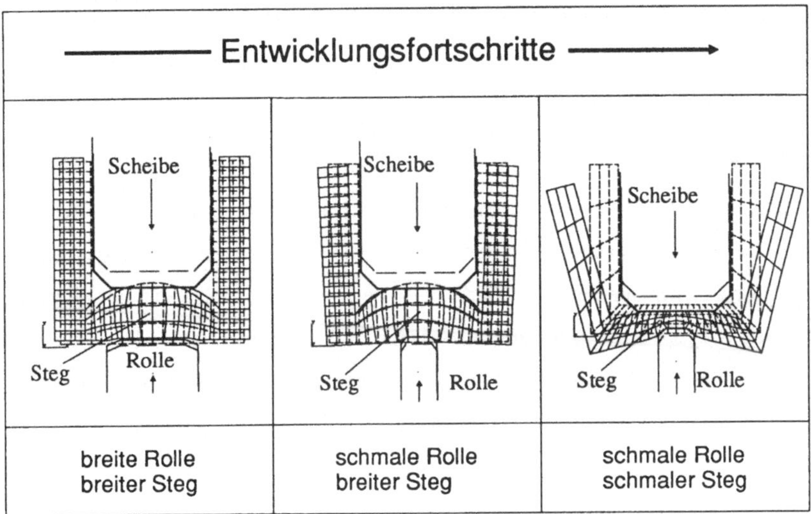

Bild 6.8:   Verformungsverhalten des abstrakten Ziergummi-Modells

gebenden Einfluß auf das Verformungsverhalten des nicht formstabilen Bauteiles während des Fügeprozesses haben und damit über das Gelingen des Prozesses entscheiden, sind durch die Simulation zunächst grundsätzliche Erfahrungen zu sammeln.

In Bild 6.8 werden unterschiedliche Geometrievariationen gezeigt. Zur besseren Darstellung wird der Ausgangszustand als Referenz zur verformten Struktur gestrichelt gezeichnet. In der hier vorgenommenen Modellbildung wird keineswegs der gesamte Fügeprozeß aufgezeigt, sondern lediglich ein zielorientierter Einblick in die mannigfaltigen Abläufe und Zusammenhänge des Fügeprozesses ermöglicht. Bei der Montage des Gummis an die Scheibe durch die Montagerolle ist es günstig, wenn sich unter dem Anpreßdruck der U-förmige Gummi aufweitet. Diese Aufweitung, die sich vom Montageort aus auch in Richtung des unmontierten Gummiabschnittes fortpflanzt, ermöglicht ein leichtgängiges Aufschieben des Gummis auf die Scheibe. Während des Aufschiebevorganges kann somit ein Einrollen der beiden Gummilippen, die die Scheibe umgreifen, vermieden werden. Hat das Gummi die Montagerolle passiert, stellt sich das Gummi wieder auf die nicht aufgeweitete Ausgangsform ein und verbindet sich klemmend mit der Scheibe.

Damit die Ergebnisse der Simulation miteinander vergleichbar sind, wird auf eine gleiche Zustellbewegung der Bauteile und auf eine ungefähr gleiche Anzahl der Finiten-Elemente im Steg des Ziergummis geachtet. Die Breite des Fügewirkkörpers, mit der das deformierbare Bauteil an die Scheibenkante gefügt wird, und die Stegbreite des Ziergummis werden in diesem Beispiel variiert. Die aus der Simulation gewonnenen Ergebnisse zeigen auf, daß ein schmaler Fügewirkkörper und eine schmale Stegbreite des Ziergummis für den Fügeprozeß günstig sind.

Dieses Beispiel zeigt, daß mit einfachen abstrakten Modellbildungen schnell und ohne aufwendige praktische Versuche Erfahrungen über den Fügeprozeß erlangt werden können. Es kann damit eine Unterstützung des Lösungsfindungsvorganges ohne die Fertigung teurer Prototypengummis und Montagewerkzeuge stattfinden. Selbstverständlich sind bei der Umsetzung der durch die Abstraktion gewonnenen Ergebnisse die übrigen funktionellen Anforderungen an den Scheibenziergummi (z.B. Dichtigkeit) zu berücksichtigen.

6.5 Beurteilung der Finite-Elemente-Simulation

Der Einsatz der Finiten-Elemente-Methode eignet sich gut zur Simulation des Fügeprozesses. Allerdings können aufgrund des kaum erfaßbaren Reibungseinflusses lediglich qualitative Aussagen gemacht werden.

Neben 2-dimensionalen Berechnungen sind auch 3-dimensionale Berechnungen möglich. Wobei die 2-dimensionale Darstellung und Berechnung bevorzugt werden sollte, da sie mit wesentlich geringerem Aufwand durchgeführt werden kann und die resultierenden Rechenzeiten kürzer sind.

Gilt es komplexe Fügeprozesse zu untersuchen ist der Einsatz der Finiten-Elemente-Methode allerdings begrenzt. Unter komplexen Fügeprozessen sind dabei die folgenden zu nennen:

- Fügeprozesse mit nicht geradliniger Fügebewegung,

- Fügeprozesse, in denen mehrere Komponenten Einfluß auf das Geschehen haben (Montagepartner, Fügewirkkörper, n.f.l. Bauteil),

- Fügeprozesse bei denen Zentrierbewegungen des nicht formstabilen Bauteiles, die durch den Fügeprozeß induziert werden, erfaßt werden sollen,

- Fügeprozesse, die nur 3-dimensional dargestellt werden können.

In der Praxis zeigt es sich, daß mit Hilfe vieler, aber einfacher Modellbildungen, die die komplexen Fügeprozesse stark abstrahieren und diese unter einer eingegrenzten dafür stets wechselnden Perspektive betrachten, in kurzer Zeit wichtige Erfahrungen über den Fügeprozeß gewonnen werden können. Ansätze, die Fügeprozesse in ihrer Gesamtheit zu simulieren und zu berechnen, sind erfahrungsgemäß zeitintensiv und erbringen kaum weitere, wesentliche Informationen.

7 Demonstration der Lösungsmethodik am Beispiel der Gehäusedichtschnur

Am Beispiel der Gehäusedichtschnur eines Pkw-Heizungsgehäuses wird die in den vorangegangenen Kapiteln erläuterte Lösungsmethodik vorgestellt. Es handelt sich dabei um ein bereits vorgegebenes Produkt, das nur eingeschränkt änderbar ist.

7.1 Aufgabenstellung

Das Heizungsgehäuse eines PKW's besteht aus zwei Gehäusehälften, um die inneren Bauteile, wie Wärmetauscher, Lüfter und Klappen montieren zu können. Es besteht aus Kunststoff und wird im Spritzgußverfahren hergestellt. Dabei entstehen Formtoleranzen des Bauteiles, die laut Konstruktionszeichnung bis zu 1,5 mm betragen dürfen.

Um spätere Wartungs- und Reparaturarbeiten ohne Beschädigung des Heizungsgehäuses durchführen zu können, werden die Gehäusehälften nicht durch Stoffschluß (Schweißen, Kleben) verbunden, sondern verschraubt und mit Gehäusespannblechen versehen. Zur Abdichtung der beiden Gehäusehälften ist die eine Hälfte mit einer Nut versehen, in die eine Dichtschnur eingelegt wird. Die andere Hälfte besitzt einen Steg, der in die Nut eindringt und so durch Zusammenquetschen der Dichtschnur eine Dichtwirkung erzielt (Bild 7.1).

Die Dichtschnur besteht, wegen der großen Wärmeentwicklung im Heizungsgehäuse, aus EPDM (Ethylen-Propylen-Dien-Kautschuk). Sie hat einen kreisringförmigen Querschnitt, der sich trotz des inkompressiblen Materialverhaltens bei der Montage an die Gehäusenutform anschmiegt und Toleranzen im Spalt durch eine Reduzierung seiner Konturquerschnittsfläche ausgleichen kann.

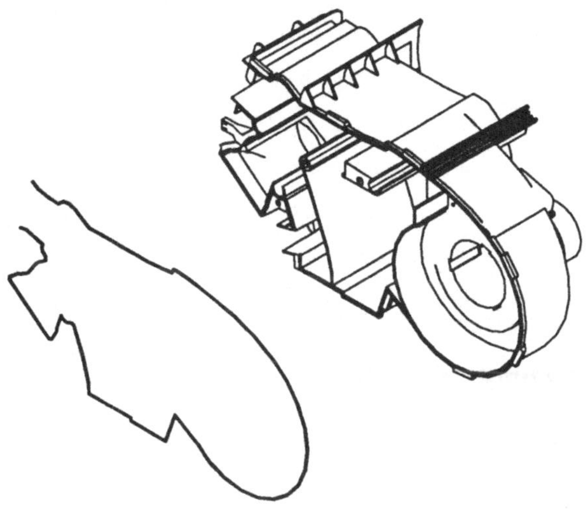

Bild 7.1:   Heizungsgehäusehälfte und idealisiert geformte Dichtschnur

    Innendurchmesser: $D_i = 1,5\ +/-\ 0,1$ mm

    Außendurchmesser: $D_a = 2,8\ +/-\ 0,1$ mm

Die bisherige Montage erfolgt per Hand. Es werden dabei abgelängte Dichtschnüre montiert, die ungeordnet bereitgestellt werden.

7.2   Auswahl eines geeigneten Fügeverfahrens

Bevor damit begonnen wird, für die vorliegende Dichtschnur ein Automatisierungskonzept auszuarbeiten, sind alternative Fügeverfahren auf ihre Einsatzmöglichkeiten hin zu ermitteln und zu untersuchen.

Für die Einbringung einer Dichtung in eine Gehäusenut eignet sich insbesondere das "Fügen durch Umformen", bei dem mit Hilfe einer Dosiervorrichtung und eines Handhabungsgerätes die Dichtung in flüssiger Konsistenz in die Gehäusenut eingebracht werden kann. Die wesentlichen Vorteile dieses Verfahrens sind die geringen Fügekräfte, die Vereinfachung des Transportes und der Bereitstellung des Dichtmaterials.

Im Vergleich zu dem bisher verwendeten Fügeverfahren, bei dem die Dichtschnur manuell in die Nut verlegt wird, ergeben sich allerdings durch die Dosieranlage weit größere Investitionskosten. Eine Kostenvergleichsrechnung nach /120, 121/ ergab bei den vorliegenden Stückzahlen (ca. 600 Stück/Tag), daß diese hohen Investitionskosten der Dosieranlage sich für diese Montageaufgabe nicht rentieren. Somit ist das bisher eingesetzte Fügeverfahren Grundlage für das zu planende Automatisierungskonzept.

7.3 Festlegung des Automatisierungskonzeptes

Gemäß der in Kapitel 4 beschriebenen planerischen Vorgehensweise ist nach der Festlegung des Fügeverfahrens die Grobgestaltung des Produktes vorzunehmen. Im konkreten Fall betrifft dies die gestaltliche Festlegung von Dichtschnur (deformierbares Bauteil) und Heizungsgehäuse (Montagepartner). Zur gestaltlichen Überarbeitung der Dichtschnur sind die Klassifizierungsmerkmale aus Kapitel 5.3.1 heranzuziehen.

Bei der bisher eingesetzten Dichtschnur handelt es sich um ein abgelängtes Bauteil mit einfachem Querschnitt ohne jegliche Formecken bzw. -elemente. Abgesehen vom Längenzuschnitt handelt es sich um ein automatisch einfach zu montierendes Bauteil. Aufgrund der abgelängten Form der Dichtschnur ergeben sich allerdings eine Reihe von Unterfunktionen (siehe Tabelle 5.2; Formmerkmal 2.1), die die Konstruktion des Montagewerkzeuges erschweren und die die Entscheidungskriterien für eine Automatisierung (Kosten, Zuverlässigkeit, Montagegeschwindigkeit, etc.) nachteilig beeinflussen. Gemäß der Klassifizierungsmerkmale in Kapitel 5.3.1 ist die Bereitstellung einer endlos auf einer Rolle aufgewickelten Dichtungsschnur wesentlich günstiger als die Bereitstellung der bisher im ungeordneten und abgelängten Zustand vorliegenden Einzeldichtungen. Es empfiehlt sich daher, für das Automatisierungskonzept von einer endlosen Dichtungsschnur auszugehen.

Aufgrund der sperrigen Geometrie des Dichtungsgehäuses und der Notwendigkeit für die weiteren Montagevorgänge (Einsetzen der Lüfterklappen) eine justierte Bereitstellung des Gehäuses zu gewährleisten, empfiehlt es sich, die Dichtschnur beim Fügevorgang zu handhaben.

Während die nunmehr endlos bereitgestellte Dichtschnur auf eine einfache Aufgabenstellung hinweist, wird das Verlegen der Dichtschnur durch den eckigen Nutverlauf erschwert. Für eine schnelle Montage würde sich eine mit wenigen großen Radien verlaufende Nut besser eignen (Bild 7.2; s. Tabelle 5.3).

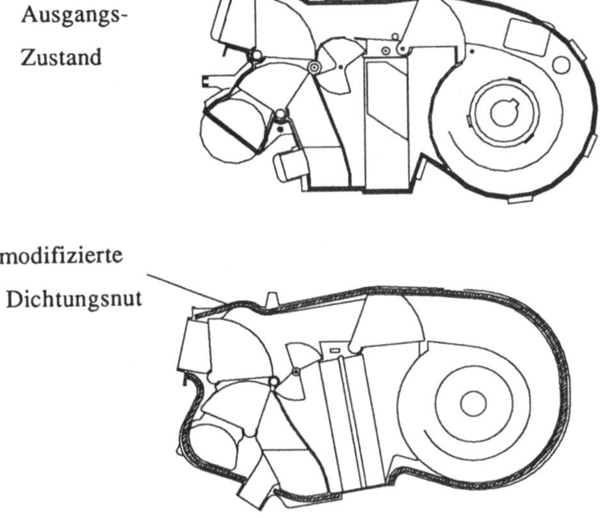

Bild 7.2:   Günstiger Nutverlauf bei umgestaltetem Heizungsgehäuse

Da in diesem Aufgabenbeispiel nicht von einer Neukonstruktion ausgegangen werden kann, ist man allerdings gezwungen das bestehende Heizungsgehäuse zu verwenden und den vorliegenden eckigen Nutverlauf zu akzeptieren. Durch den komplizierten Verlauf der Nut ist damit die Verwendung eines frei programmierbaren mehrachsigen Industrieroboters einzuplanen. Mit einem wesentlich vereinfachten Nutverlauf wäre eine kostengünstigere Handhabungseinrichtung durchaus denkbar.

Von Vorteil ist aus montagetechnischer Sicht, daß der Verlauf der Nut in einer Ebene liegt und am Beginn eine Einführschräge aufweist, die ein sicheres Einfahren des zu konstruierenden Fügewerkzeuges ermöglicht.

7.4 Konstruktion des Fügewerkzeuges

Da nun das Fügeverfahren (Einpressen der Dichtschnur in die Gehäusenut) festgelegt ist, die Geometrie der Dichtschnur vorgegeben ist und auch die Grobgestaltung des Montagepartners festliegt, ist mit der Konstruktion des Fügewerkzeuges zu beginnen.

Aufgrund der bisherigen Festlegungen (s. Kapitel 5.4) sind zur Konstruktion des Werkzeuges die folgenden Teilaufgaben zu bearbeiten:

- Fügemechanismus,

- Antrieb,

- Führung,

- Trennmechanismus.

Für die Durchführung des Fügeprozesses ist ein geeigneter Wirkkörper zu finden, mit dem ein Einlegen der Dichtung in die eckige Nut möglich ist. Neben dem Wirkkörper ist die Zuführung der Dichtung zum Fügeort zu konstruieren. Dabei ist auf die Vermeidung von Längendehnungen, die durch die Reibung der Dichtung an der Führung hervorgerufen werden, zu achten. Es empfiehlt sich, einen unterstützenden Antrieb, der die Dichtung zum Fügeort hin staucht, vorzusehen.

7.4.1 Fügemechanismus

Zur Lösungsfindung kann der in Kapitel 5.4.3 vorgestellte Lösungskatalog herangezogen werden.

Es ergeben sich daraus fünf unterschiedliche Fügemechanismen. Für die weitere Bearbeitung erfolgt zunächst eine Grobbewertung der Konzepte (Bild 7.3), um so die weitere konstruktive Ausarbeitung auf wenige erfolgversprechende Konzepte zu konzentrieren.

Bewertungs-kriterien	Konzept 1 Rolle	Konzept 2 Stempel oszillierend fest	Konzept 3 Stempel unbewegt fest	Konzept 4 Stempel oszillierend elastisch	Konzept 5 Einblas-düse
Dehnungsein-fluß auf die Dichtschnur	+	+	-	+	+
Zugänglichkeit in den Nut-winkeln	-	+	+	+	+
Toleranz-ausgleich	-	+	-	+	+
Auswahl	nein	ja	nein	ja	ja

\+ : gut   - : schlecht

Bild 7.3: Bewertung der Grobkonzepte

Als Wirkkörper geeignet sind Rolle und oszillierender Stempel. Da die Dichtschnur bis in den Nutgrund eingepreßt werden muß, kann die Rolle nicht über der Nut entlangbewegt werden, sondern muß in die Nut eintauchen. Dies führt allerdings in den Ecken des Nutverlaufs zu unlößbaren Problemen, so daß der Einsatz einer Rolle als Wirkkörper für den Fügeprozeß nicht in Frage kommt. Insbesondere im Bereich der Ecken ist eine punktuell eingeleitete Fügekraft sinnvoll. Dies kann durch einen oszillierenden Stempel oder auch berührungslos durch das Einblasen der Dichtung mit Druckluft erfolgen.

Wesentlich für einen störungsfreien Ablauf der Montage ist der Ausgleich von Abweichungen des Nutverlaufs von der programmierten Ideallinie. Es empfiehlt sich, bereits bei der Auslegung des Fügewirkkörpers auf seine Toleranzfähigkeit zu achten. Anstelle eines metallenen formstabilen Stempels eignet sich besser ein elastisches Stempelkissen, das einerseits von seiner Shore-Härte hart genug ist, die zum Eindrücken der Dichtschnur nötige Fügekraft aufzubringen, anderseits elastisch genug ist, sich beim Auftreffen auf das Gehäuse zu verformen.

Für das Einblasen der Dichtschnur ist anstelle einer runden
eine breite, elliptische Düsen-
austrittsöffnung vorzusehen
(Bild 7.4).

Abweichungen der Einblasdü-
senbewegung von dem tole-
ranzbehafteten Verlauf der Nut
sind so durch die größere Breite
der Düse besser ausgleichbar.

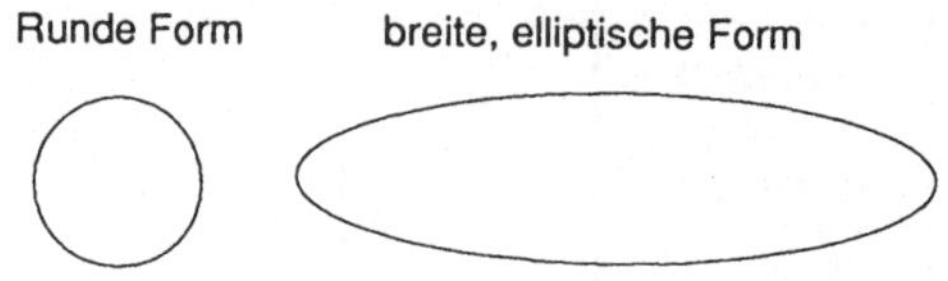

Bild 7.4: Düsenaustrittsformen

7.4.2 Zuführung und Antrieb

Für die Zuführung und den Antrieb gibt es eine Reihe von Lösungen, die in den Kapitel 5.4.1 und 5.4.2 in Form von Lösungskatalogen vorgestellt werden. In dem hier vorliegenden Fall bietet sich die Funktionsvereinigung durch die Verwendung eines einheitlichen physikalischen Effektes an. So kann die "Zuführ-rung" und der "Antrieb" in einfacher Weise durch eine Bohrung erfolgen, in der in Transportrichtung Druckluft eingeblasen wird (Bild 7.5). Durch die hohe Strömungsgeschwindigkeit wird die Dichtung in Richtung Fügeort mitgerissen. Längendehnungen in der Führung werden durch den Luftkisseneffekt vermieden. Die Transportkraft ist dabei so gering, daß es zu einem Schlupf im Antrieb und damit zu einer Selbstregelung des Druckluftantriebes kommt, sobald die Dichtung nicht schnell genug abgearbeitet wird.

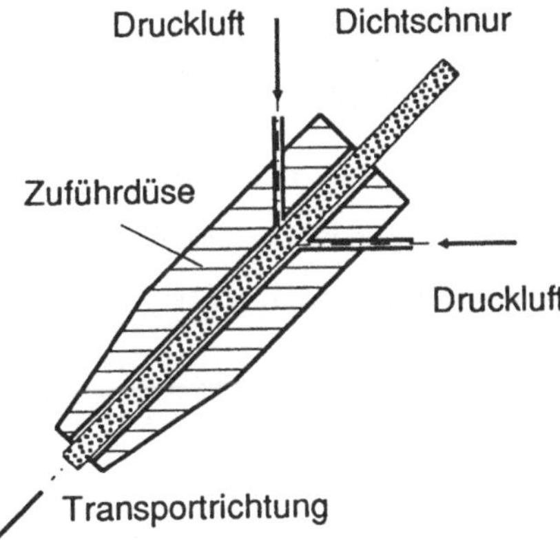

Bild 7.5:   Prinzipskizze der druckluftunterstützten Zuführung

7.4.3 Trennmechanismus

Für den Trennmechanismus ist ein kostengünstiges und zuverlässiges Verfahren einzusetzen (s. Kapitel 5.4.4), das wenig Bauraum benötigt und in die vorhandene Zuführung eingebaut werden kann. Als einfache Lösung wird ein translatorisch bewegtes Messer vorgesehen, das in die Führung eingebaut von einem Druckluftzylinder betätigt werden kann. Ein Ausweichen der Dichtschnur und damit die Gefahr einer Störung des Schneidvorganges ist somit nicht zu befürchten. Da weder am Beginn noch am Ende der Nut ein bündiges Einlegen der Dichtschnur erforderlich ist und die Dichtschnur durchaus ein bis zwei Zentimeter überstehen kann, ist eine einfache und nicht eng an den Nutverlauf gekoppelte Betätigung des Trennmechanismus möglich.

7.4.4 Realisierte Werkzeugvarianten

Für die beiden verschiedenen Fügemechanismen "Einblasen" und "oszillierender Stempel" werden verschiedene Fügewerkzeuge ausgearbeitet. Die Fügewerkzeuge sind dabei Prototypen, aus denen in einem späteren Vergleich das zuverlässigste Werkzeug ermittelt wird. Die Bereitstellung der Dichtschnur erfolgt daher nur in begrenzter Menge auf einer Rolle am Fügewerkzeug. Ein Trennmechanismus wird im Versuchsaufbau nicht vorgesehen.

Werkzeug mit dem Fügemechanismus "Einblasen"

Die Lage der Zuführdüse zur Nut des Heizungsgehäuses wird so optimiert, daß sich die Düsenspitze ca. 3 mm über der Gehäuseoberfläche befindet und die Düse in einem Winkel von ca. 45 Grad gegenüber dem Gehäuse geneigt ist. Die Düse, aus der die Druckluft zum Eindrücken der Dichtschnur austritt, befindet sich mit ihrer Spitze ca. 1 mm über der Gehäuseoberfläche und ist um einen Winkel von ca. 15 Grad geneigt (Bild 7.6).

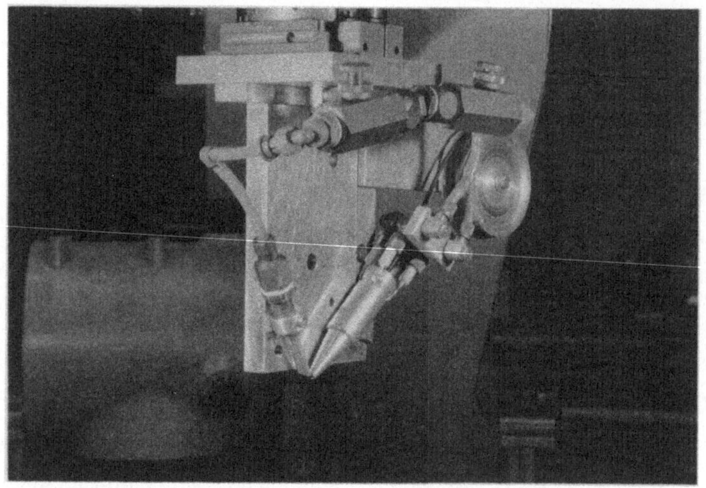

Bild 7.6:   Einblaswerkzeug mit breiter Einblasdüse

Die Lage der Zuführdüse gewährleistet, daß die Dichtschnur beim Austritt bereits auf der Nut liegt und dann von dem Luftstrom der Einblasdüse eingedrückt wird. Bei kleinen Radien der Nut ist darauf zu achten, daß das Werkzeug um die vertikale Achse durch den Schnittpunkt der beiden Düsenmittelachsen dreht, so daß diese vertikale Achse immer in der Mitte der Nut verläuft.

Um Bahnabweichungen des Fügewerkzeuges bzgl. dem Nutverlauf ausgleichen zu können, ist die Düse möglichst breit zu gestalten. Bei einem zu schmal gebündelten Luftstrom wird die Dichtschnur bei Bahnabweichungen seitlich getroffen, wodurch sie wegen ihres elastischen Materialverhaltens ausweicht und nicht in die Nut eingedrückt wird.

Generell ist festzustellen, daß die Dichtschnur zwar sicher in die Nut eingebracht und eingedrückt wird. Allerdings tritt nach erfolgter Montage das Problem auf, daß Luft unter die montierte Dichtschnur gelangt und diese wieder aus der Nut heraushebt.

Werkzeug mit oszillierendem Stempel

Zunächst wird ein Werkzeug mit einem festen, schmalen Stempel gefertigt. Zur Reduzierung des Reibungseinflusses am Fügeort wird der Stempel oszillierend mit einer hohen Frequenz auf und ab bewegt. Die Bewegung wird mit einem Druckluftzylinder erzeugt, der durch einen pneumatischen Taktgeber zu einer Auf- und Abbewegung von ca. 4 Hertz erregt wird. Die oszillierende Bewegung

Bild 7.7:   Werkzeug mit oszillierendem formfesten Eindrückstempel

des Stempels kann auch durch einen rotierenden Exzenter, der auf den mit
Rückstellfedern versehenen Stempel schlägt /30, 45/, bewirkt werden. Bei beiden
Bewegungserregungen besteht der Nachteil dieses Werkzeuges darin, dem Nutverlauf exakt nachfahren zu müssen, um noch zuverlässige Fügeergebnisse zu
erhalten (Bild 7.7).

Dieser Nachteil des festen Stempels bezüglich Toleranzausgleich wird durch
einen breiten, elastischen Stempel eliminiert. Die Größe des Toleranzausgleichs
am Fügeort ist daher nur von der Breite des Stempels und der positionsgenauen
Bereitstellung der Dichtschnur durch die Zuführdüse abhängig.

Damit auch die Zuführung der Dichtschnur den Abweichungen des Nutverlaufes
folgen kann, ist bei diesem Werkzeug die Zuführdüse mit einer Führungsnase
versehen. Die Führungsnase taucht während der Montage in die Nut ein und
richtet die Zuführdüse, die nachgiebig (komplient) an einem Metallgummi gela-
gert ist, zur Nut aus (Bild 7.8).

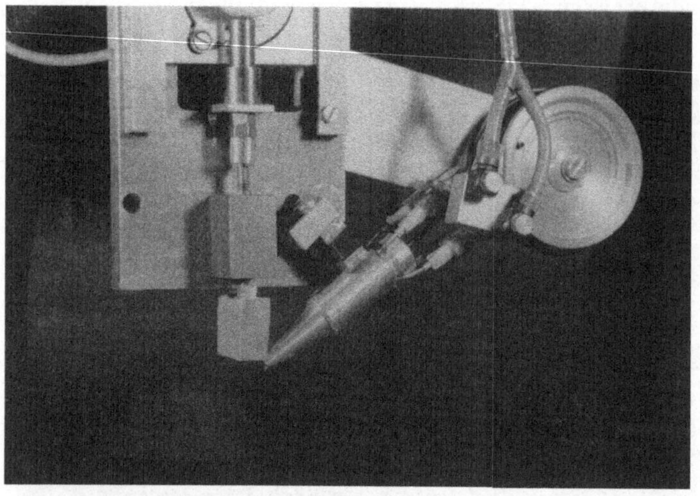

*Bild 7.8: Montagewerkzeug mit elastischem Stempel und beweglich aufge-
hängter Zuführung*

7.4.5 Kennfelder für die Zuverlässigkeit beim Auftreten von Toleranzen

Die folgenden Kennfelder stellen die Zuverlässigkeit der drei verschiedenen Werkzeuge beim Auftreten von Lagetoleranzen dar (Bild 7.9). Die Toleranzen werden durch die Verschiebung des Werkzeugkoordinatensystems am Roboter simuliert. Für jeden Versatz werden zehn Montageabläufe durchgeführt. Das Kriterium für eine erfolgreiche Montage der Dichtschnur ist das vollständige Eindrücken der Dichtschnur in die Nut, so daß sie an jeder Stelle der Nut einen festen Halt hat.

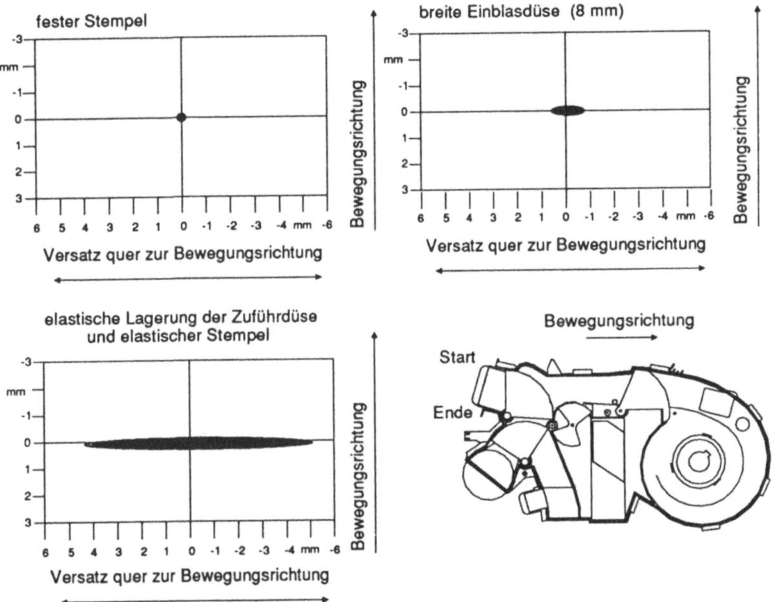

Bild 7.9:   Kennfelder für die Zuverlässigkeit der Montage

Ein positiver Versatz, quer zur Bewegungsrichtung des Werkzeuges bedeutet, daß sich das Werkzeug seitlich außerhalb der eigentlichen Nut bewegt. Bei einem negativen Versatz wird die Bahn zu weit innen nachgefahren. Ein positiver Versatz in Bewegungsrichtung bedeutet, daß das Werkzeug der Idealbewegung hinterhereilt, während hingegen bei einem negativen Versatz das Werkzeug vorauseilt.

Die unterschiedliche Zuverlässigkeit, bei gleichem Betrag, von positivem und negativem Versatz, ist auf den Verlauf der Nut zurückzuführen. Bei dem Versatz des Werkzeuges zum Inneren einer Kurve des Nutverlaufes, wird die Dichtschnur durch das Auftreten einer nicht vermeidbaren geringen Reibung auch nach innen gezogen, und somit aus der Nut herausgezogen. Beim Versatz des Werkzeuges zum Äußeren einer Kurve tendiert die Dichtschnur weiterhin nach innen und wird somit leichter in die Nut verlegt. Bezüglich des positiven oder negativen Versatzes lassen sich keine Unterschiede feststellen, da die verschiedenen Werkzeuge auch verschiedene kritische Kurven im Verlauf der Fügebahn haben. Bei dem Versatz in Bewegungsrichtung tritt das Problem auf, daß Krümmungen der Bahn zu früh, oder zu spät abgefahren werden, was besonders bei harten Richtungsänderungen und bei Krümmungen unmittelbar nach dem Eintritt in die Nut zu Ausfällen führt.

Ausfälle des Werkzeuges mit elastischem Stempel und beweglich gelagerter Zuführdüse sind nur bei extremen Abweichungen festzustellen und erfolgen bei Abweichungen quer zur Bewegungsrichtung nur deshalb, weil die Zuführdüse zu weit neben der Nut liegt und der Dichtgummi durch das Fehlen von Einführschrägen bereits am Nutbeginn nicht in diese eingeführt wird. Die Fähigkeit dieses Werkzeuges große Toleranzen auszugleichen ist allerdings bei einem Versatz in Bewegungsrichtung nicht so stark ausgeprägt, was sich auf die geringere Beweglichkeit der Zuführungsdüse in Bewegungslängsrichtung zurückführen läßt. Insbesondere bei eckigen und mit mehr als 60 Grad vorgesehenen Richtungsänderungen wird die Zuführdüse bei Versatz aus der Nut herausgezogen, worauf der Fügevorgang mißlingt.

Die Möglichkeit, Toleranzen mit diesem Werkzeug auszugleichen, ist also sehr stark von der Gestaltung des Nutverlaufes abhängig. Bei einer Vermeidung von harten Richtungsänderungen im Nutverlauf, ist dieses Werkzeug ein ausgezeichnetes Mittel um Toleranzen auszugleichen.

Um die Zuverlässigkeit des Fügevorganges weiter zu verbessern, wäre es von Vorteil im Nutquerschnitt Fügeschrägen anzubringen, die ein leichteres Eingleiten des Dichtgummis ermöglichen. Eine optimale Auslegung der Nutgeometrie im Querschnitt ist konstruktiv sehr schwierig. Eine Vielzahl von Prototypengehäuse müßten gefertigt und an ihnen die automatische Montage getestet werden. Zur Vermeidung dieser kosten- und zeitintensiven Versuche bietet sich der Einsatz der Finiten-Elemente-Methode als Simulationssystem für die Darstellung des Fügeprozesses an. Die Vorgehensweise zur Optimierung der Nut und die daraus gewonnenen Erfahrungen werden in Kapitel 7.5 dargestellt.

7.5 Optimierung des Fügeprozesses zur Steigerung der Montagezuverlässigkeit durch die Finite-Elemente-Methode

Maßgebend für eine zuverlässige Montage ist die gegenseitige Abstimmung der auf den Fügeprozeß einwirkenden Größen, bzw. Komponenten (siehe Kapitel 6.4). Für das konkrete Beispiel sind dies:

- die Gestaltung der Dichtschnur (im Querschnitt),

- das Materialverhalten der Dichtung,

- die Gestaltung der Nut (im Querschnitt),

- die Gestaltung des Fügewirkkörpers (Stempel),

- die Fügebewegung.

Zur Limitierung der Arbeitsumfänge bei der Simulation des Fügeprozesses ist es entscheidend, die Anzahl der auf das Fügeprozeßmodell einwirkenden Größen, bzw. Komponenten frühzeitig einzuschränken. Die Bedeutung dieser Eingrenzung kann ein einfaches Rechenexempel liefern. Gesetzt den Fall, es gibt für jede der fünf o.g. Größen jeweils nur zwei Alternativen, so ergeben sich insgesamt bereits $2^5 = 32$ Berechnungsläufe für die Simulation, um alle Kombinationen zu erfassen. Im folgenden sind daher unter Berücksichtigung der bisherigen Planungsergebnisse die zentralen Größen, die den Fügeprozeß nachhaltig beeinflussen, festzustellen.

Durch die Konzeption und Gestaltung des Montagewerkzeuges ist bereits die Fügebewegung des Stempels von oben senkrecht nach unten in den Nutquerschnitt festgelegt. Eine komplexere Fügebewegung erscheint nicht sinnvoll, zumal sich dadurch die Konstruktion des Fügewerkzeuges wesentlich erschwert und verteuert.

Eine Veränderung der Geometrie des elastischen Stempels erscheint ebenfalls nicht sinnvoll, da die Fähigkeit des Stempels, Toleranzen hinsichtlich Versatz auszugleichen, auf seiner Elastizität und auf seiner ebenen Stempelfläche basiert.

Die vorliegende Dichtschnur weist im Querschnitt eine ringförmige Gestaltung auf. Dadurch ist ein leichtgängiges Einfügen der Dichtschnur in die Gehäusenut möglich. Die dabei auftretenden Verformungen, die den Querschnitt der Dichtschnur oval verdrücken, führen bedingt durch den ringförmigen Querschnitt nur zu geringen Montagekräften. Bei einer mit einem ausgefüllten Querschnitt versehen Dichtschnur sind rein anschaulich wesentlich höhere Kräfte zu erwarten (Bild 7.10). Da aber bereits eine leichtgängig zu montierende Dichtschnur vorliegt, erübrigt sich in diesem Fall eine genauere Gestalts- und Werkstoffoptimierung der Dichtschnur mit Hilfe der Finiten-Elemente-Methode.

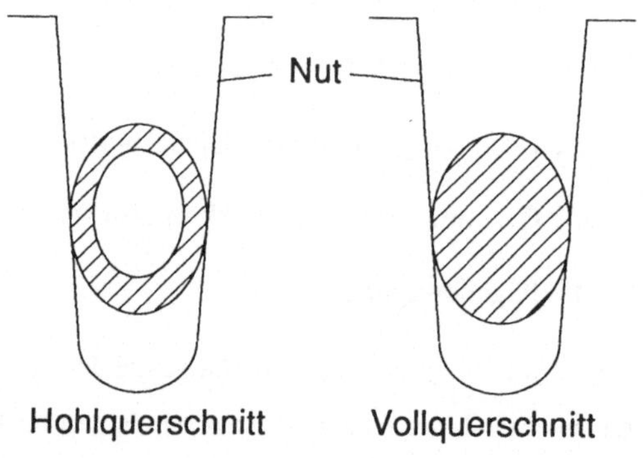

Bild 7.10: Verformter Hohl- und Vollquerschnitt

Der Nutquerschnitt des vorgegebenen Heizungsgehäuses besitzt Eigenschaften, die eine automatisierte Montage erschweren. So ist der Nutquerschnitt nicht mit Einfügeschrägen ausgebildet, die ein leichtgängiges Eingleiten der Dichtschnur ermöglichen. Es stellt sich daher die Frage: "Wie ist konkret der Nutquerschnitt zu gestalten, um die Montagekräfte auch bei einer versetzt zur Nut zugeführten Dichtschnur gering zu halten?"

Obwohl die Bedeutung von Fügeschrägen bekannt ist, kann mit dem bisherigen Wissen keine detaillierte Aussage über die Gestaltung des Nutquerschnittes gemacht werden, zumal die Gestalt und das Stoffverhalten der Dichtung, die Form des Stempels und die Fügebewegung mit zu berücksichtigen sind. Es empfiehlt sich im weiteren, den Fügeprozeß bei unterschiedlichen Gestaltungsvarianten der Nut mit Hilfe der Finiten-Elemente-Methode zu simulieren, um so eine optimierte Nutform zu erhalten.

7.5.1 Istzustand der Nutquerschnittsgeometrie und Verbesserungsvorschläge

Die konstruktiven Abmessungen des ursprünglich vorgegebenen Nutquerschnitts sind in (Bild 7.11) wiedergegeben. Die obere Nutbreite ist mit einem Wert von 2,5 mm sehr knapp bemessen, während die Dichtschnur im unverformten Zustand einen Durchmesser von 2,8 mm besitzt. Aus diesem Grund wäre rein anschaulich eine Vergrößerung der Nutbreite im oberen Bereich schon eine Verbesserung für die automatisierte Montage. Eine weitere Erleichterung ist die Verwendung einer Fügeschräge an der Kante zwischen Nutflanke und Bauteiloberfläche.

Die Verringerung der Montagekräfte darf nicht einhergehen mit einer Verschlechterung des Dichtverhaltens der Schnur im montierten Zustand. Weiterhin muß die Dichtschnur nach der Montage eine ausreichende Haltekraft in der Nut aufweisen, so daß sie nicht mehr aus der Nut springen kann. Der untere schmale Nutquerschnittsbereich der bisherigen Nut ist demzufolge beizubehalten.

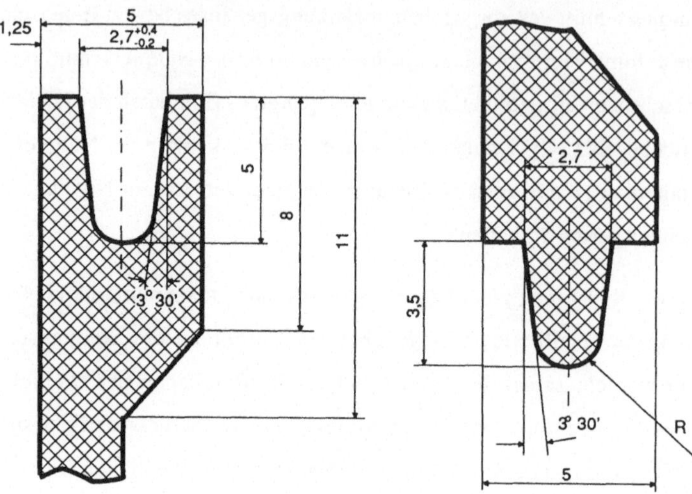

Bild 7.11: Querschnitt der Nut und des Gegenstückes

7.5.2 Beschreibung des Montageprozesses in einem Finite-Elemente-Modell

Der grundlegende Unterschied zwischen der realen Montage und dem vereinfachten Simulationsmodell besteht hier vor allem in der kinematischen Beschreibung. Der Montageablauf ist in der Realität ein dynamischer Vorgang. Die Berechnung erfolgt aber quasistatisch, da die Optimierung des Nutquerschnittes (der Reibungseinfluß kann nicht berücksichtigt werden) eine qualitative Aussage darstellt, die auch aus einer quasistatischen Simulation hervorgehen kann. Dynamische Simulationen sind bei Körperbewegungen notwendig, bei denen die Masse des Körpers oder sein Verhalten bei Beschleunigungen eine Rolle spielt. Die Dichte der Dichtschnur ist so gering, daß Massenkräfte keine Rolle spielen. Das Verhalten des gummiartigen Materials ist bei einer großen Montagegeschwindigkeit durch die Kombination von Feder- und Dämpferanteil des Materialgesetzes beschreibbar, so daß sich eine dynamische Simulation erübrigt. Als Berechnungsprogramm wird das Finite-Elemente-System Abaqus /99, 100/ eingesetzt.

Da nur der Querschnitt der Nut für diese Optimierung betrachtet wird, sind die beiden Montagepartner durch ein 2-dimensionales Modell dargestellt (Bild 7.12).

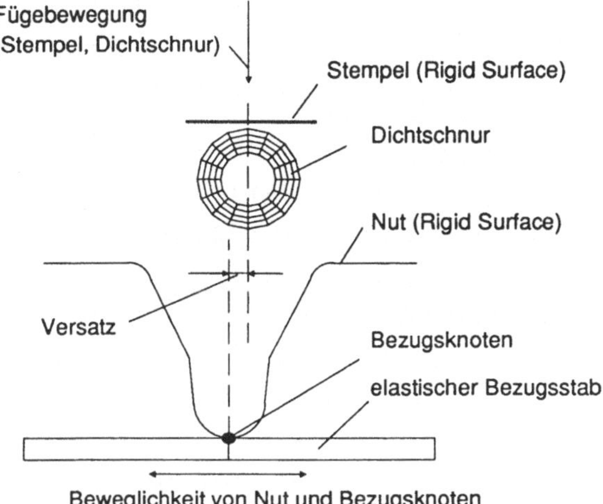

Bild 7.12: 2-dimensionale Modellbildung

Die Dichtschnur ist als verformbarer Körper aus Knoten und finiten Elementen aufgebaut. Der verformbare Körper wird durch die quasi "feste" Oberfläche des Stempels (Rigid Surface) nach unten geschoben. Die Nut ist ebenfalls durch eine Rigid Surface dargestellt. Sie wird durch eine Parametrisierung der Eingabe im ABAQUS-Inputfile veränderlich gestaltet, so daß die Neigung und die Form der Nutflanken variiert werden kann.

Die Dichtschnur muß in den folgenden Simulationen in horizontaler Richtung festgehalten werden, um numerische Singularitäten bei der Berechnung zu vermeiden. Da aber die Optimierung insbesondere bei einem Versatz der Dichtschnur durchzuführen ist, ist es nötig, entweder die Dichtschnur, oder die Nut (Rigid Surface) verschiebbar darzustellen. In diesem Fall ist die Nut horizontal verschieblich zu definieren. Um auch hier numerischen Singularitäten entgegenzuwirken ist der Bezugsknoten, mit dem die Nut festgelegt wird, so in seinen Freiheitsgraden eingeschränkt, daß er nur in einem eingespannten Zustand horizontal verschoben werden kann. Er ist dabei Knoten in einem fiktiven elastischen

Stab, der eine geringe Gegenkraft bei der horizontalen Verschiebung aufbringt. Auf diese Weise wird die Kraft, mit der die Dichtschnur auf einen Versatz reagiert, simuliert. Die aus der Berechnung resultierenden Kräfte sind dabei keine quantitativen Ergebnisse, da je nach Auslegung des fiktiven elastischen Stabes seine Widerstandskraft und somit auch die resultierenden Montagekräfte variieren. Bei gleichbleibender Auslegung des elastischen Stabes sind die erzielten Simulationsergebnisse jedoch miteinander direkt vergleichbar, woraus sich eine qualitative Abschätzung der Ergebnisse ableiten läßt.

7.5.3 Erfassung der Ergebnisse in Kennfeldern

Die Optimierung der Geometrie erfolgt durch die Erstellung eines Kennfeldes, aus dem die Montagekraft, also die Kraft auf die Rigid Surface des Stempels, abgelesen werden kann. Bei diesem Kennfeld handelt es sich um eine drei-dimensionale Darstellung der durch Parametervariation errechneten maximalen Fügekräfte (Bild 7.13). Es ermöglicht das Erkennen der größten und der kleinsten Fügekräfte und den zugrundeliegenden Parameterwerten. Insgesamt können zwei unterschiedliche Parameter, die die Fügekraft beeinflussen, angegeben werden. Dies sind im konkreten Beispiel zum einen der Versatz zwischen Nut

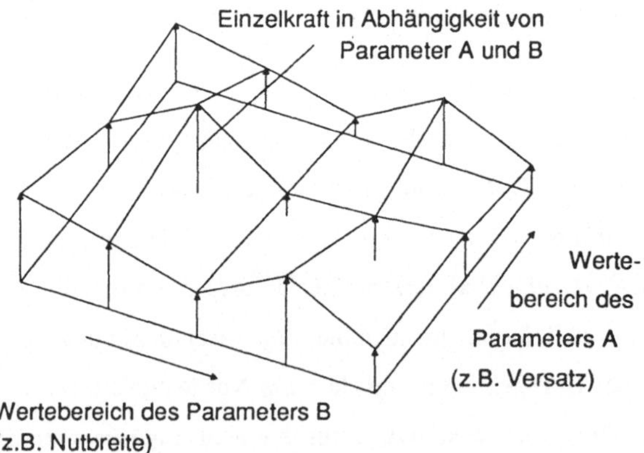

Bild 7.13: Aufbau des 3-dimensionalen Kennfeldes

und Dichtschnur (Parameter A) und zum anderen eine die Nutgeometrie ändernde Größe (Parameter B: z.B. Nutbreite, Radius der Fügeschräge).

Die Erstellung der Kennfelder erfolgt durch das Programmpaket "OPTI-MENUE" und OPTI-GRAPHIK /56/. Mit dem Programm können verschiedenste Optimierungsaufgaben bearbeitet werden. In diesem Fall ermöglicht es die Erstellung von Kennfeldern. Das Programm gestattet die Eingabe der o.g. Parameter, die in das ABAQUS-Inputfile übernommen werden. OPTI-MENUE startet dann selbständig die ABAQUS-Rechenläufe mit den veränderten Parametern. Die Parameter werden durch einen Wertebereich, den sie während der Berechnung mit einer ebenfalls angegebenen Inkrementierung durchlaufen, vorgegeben.

Die Ergebnisse werden aus dem Datenfile der ABAQUS-Berechnung ausgelesen und mit Hilfe des Programmes OPTI-GRAFIK als Kennfeld dargestellt. Es besteht die Möglichkeit entweder die Maximalwerte eines Rechenlaufes oder die über die ganze Simulationsdauer gemittelten Werte zu erfassen. Außerdem besteht die Möglichkeit, den einzelnen Meßwerten Gewichtungen zuzuordnen, wodurch sie sich dann zu einer Bewertung aufsummieren lassen.

Die von OPTI-GRAFIK erfaßbaren Ergebnisse sind:

Meßwert 1:   Reaktionskräfte,

Meßwert 2:   Reaktionsmomente,

Meßwert 3:   äußere Arbeit,

Meßwert 4:   Dissipationsenergie (plastische Verformung),

Meßwert 5:   Spannungen.

Aus der Reaktionskraft des Stempels wird der Betrag der maximalen Fügekraft für die Kennfelderstellung herangezogen.

Variation der Nutbreite

Bevor mit der Berechnung begonnen wird, ist zunächst der maximale Versatz zu bestimmen, mit der die Dichtschnur versetzt zur Symmetrielinie der Nut noch zu montieren ist. Als Ausgangssituation dient die bisherige Nut, die eine Montage bei einem maximalen Versatz von 0,9 mm gerade noch zuläßt. Ist der Versatz größer 0,9 mm, so trifft die Dichtschnur größtenteils auf die Gehäusekante auf, wo sie - ohne in die Nut eingleiten zu können - zusammengequetscht wird (Bild 7.14). Für das Werkzeug folgt daraus die Einhaltung einer Toleranz von +/- 0,9 mm beim Verfolgen des Nutverlaufes.

Ziel der folgenden Finite-Elemente-Berechnungen ist es, unter der Vorgabe des maximal vorgegebnenen Versatzes von 0,9 mm die auftretende Fügekraft durch eine Veränderung der Nutgeometrie zu verringern, um damit indirekt die Zuverlässigkeit der Montage zu verbessern. Hierzu kommt in erster Linie eine Vergrößerung der Nutbreite in Betracht. Der Radius im Nutgrund wird nicht variiert, um die Dichtwirkung der Dichtschnur und deren Halt in der Nut zu gewährleisten. Da neben dem Radius auch die Tiefe der Nut beibehalten wird, verändert sich zwangsläufig mit der Nutbreite die Neigung der als Fügeschrägen gestalteten Nutflanken. Aus baulichen Gründen, wie dies z.B. beim Einbau des Heizungsgehäuses in die Karosserie der Fall ist, darf die Nutbreite keinen Wert oberhalb 4,6 mm annehmen. Somit ist auch für die Nutbreite eine maximal zulässige Obergrenze festgelegt.

Die Veränderung der oberen Nutbreite wird durch die Variation des Parameters B (halbe Nutbreite) in der Festlegung der Nut (Bild 7.14) ausgedrückt. Der Parameter A verschiebt die gesamte Nut in horizontaler Richtung und stellt damit einen Versatz der Dichtschnur zur Nut her. Die verstärkt gezeichneten Punkte sind jeweils die Anfangs- oder Endpunkte der Linien bzw. der Kreise, die die Nutgeometrie erzeugen.

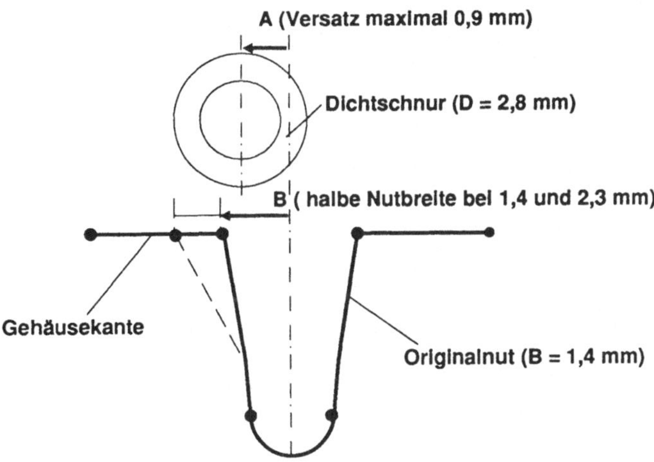

Bild 7.14: Parametrisierte Eingabe der Nutgeometrie dargestellt bei einem Versatz A von 0,9 mm und bei einer halben Nutbreite von 1,4 mm.

Wie erwartet, entstehen die höchsten Kräfte im 3-dimensionalen Kennfeld immer dann, wenn die Dichtschnur nicht direkt in die Nut gelangen kann, sondern zumindest teilweise neben der Nut auf der planen Gehäuseoberfläche auftrifft und dann nur sehr schwer in die Nut eingleitet. Liegt hingegen kein Versatz vor, so ist hinsichtlich der Fügekraft kaum ein Unterschied zwischen der maximalen und der minimalen Nutbreite festzustellen, da in allen Fällen die Dichtschnur direkt in die Nutöffnung eintauchen kann und durch die vorgegebene Breite im Nutgrund auf das gleiche Maß zusammengestaucht wird. Zur besseren Darstellung des Kräfteverlaufes über die von 1,4 mm bis 2,3 mm variierte halbe Nutbreite B (s. Bild 7.14) erfolgt bei einem Versatz von 0,9 mm ein Schnitt durch das Kennfeld (Bild 7.15).

Um das qualitative Verhalten der Fügekraft bei größerer Nutbreite ausreichend zu erfassen und um die Gesamtrechenzeit zu verkürzen, genügen vier einzelne Berechnungsläufe, die bei einer halben Nutbreite B von 1,4 mm, 1,7 mm, 2,0 mm und 2,3 mm durchzuführen sind. Durch diese inkrementweise durchgeführte Gesamtberechnung ergibt sich ein unstetiger Kraftverlauf, wobei die geringsten

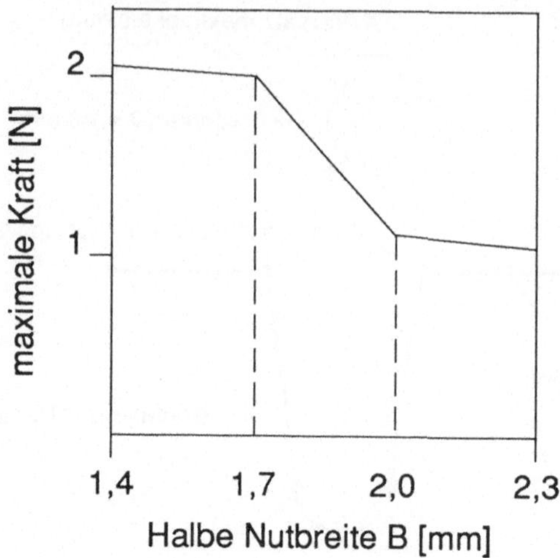

Bild 7.15: Verlauf der maximalen Montagekräfte in Abhängigkeit von der halben Nutbreite B bei einem Versatz von 0,9 mm

Kräfte ab einer halben Nutbreite von 2,0 mm bis zu dem konstruktiv maximal möglichen Wert von 2,3 mm auftreten. Für die Konstruktion bedeutet dies, die Nutbreite auf das maximal zulässige Maß von 4,6 mm (2 * 2,3 mm) auszulegen.

In Bild 7.15 sind zur Feststellung der optimalen Nutbreite lediglich die maximal während eines einzelnen Fügeprozesses auftretenden Montagekräfte dargestellt. Ein besseres Verständnis über den Fügeprozeß liefert ein Kraftverlauf, der über die Fügebewegung aufgetragen ist. Einen solchen Kraftverlauf, der auf eine repräsentative (Nutbreite und Versatz beliebig vorgegeben) Einzelberechnung basiert, zeigt Bild 7.16. Dabei ist zu erkennnen, daß die maximale Fügekraft beim Auftreffen der Dichtschnur auf die Nutflanke entsteht. Da gemäß des Ansatzes der Finiten-Elemente-Methode nur über die Knoten Kräfte übertragen werden können, weist die Kraftkennlinie an jeder neuen Kontaktstelle eines Dichtschnurknotens auf der Nut eine Knickstelle auf. Die zum Ende des Fügevorgangs auftretende negative Kraft ist auf einen Einfederungsvorgang der Dichtschnur zurückzuführen.

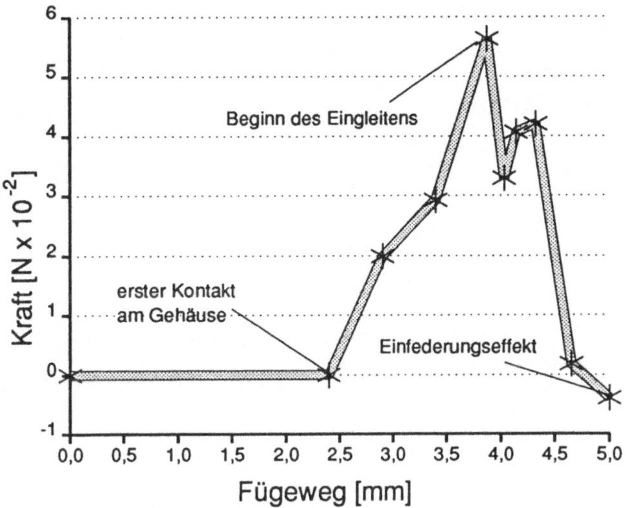

Bild 7.17: Kraftverlauf während des Montagevorganges

Variation des Krümmungsradiusses

Die zweite Variation des Nutquerschnittes geht von einer konstanten, ausreichend genug dimensionierten, Nutbreite (4,6 mm) aus, die aus baulichen Gründen konstruktiv begrenzt ist. Für eine weitere Verbesserung wird die Form der Nutflanken variiert, deren gekrümmte Ausbildung als Fügeschrägen Vorteile beim Eingleiten verspricht (Bild 7.17).

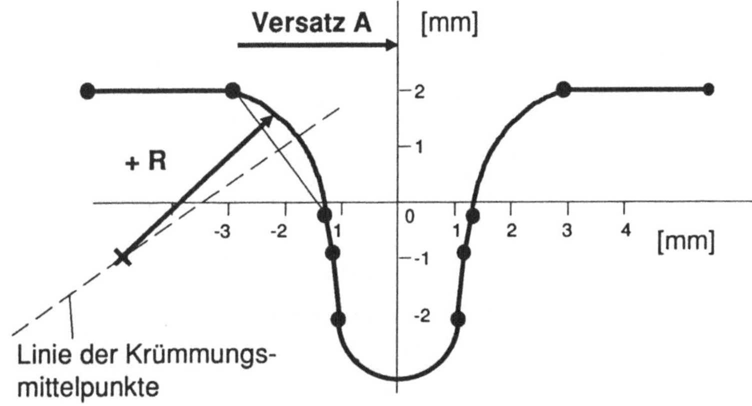

Bild 7.16: Parametrisierte Eingabe der Nutgeometrie

Ausgehend von einer konkaven Flankenform (negativer Radius R) geht die Krümmung bei dieser Parametrisierung über in eine Gerade und dann zu einer konvexen Form (positiver Radius R).

Eine zur Verkürzung der Rechenzeit zunächst grobe Abschätzung dieses großen Parameterbereiches der Krümmungsradien deutet auf ein Optimum bei positivem Krümmungsradius hin. Eine feinere Inkrementierung des Krümmungsradius im positiven Bereich unterstützt die Suche nach einem Optimum. Aus Gründen der Übersichtlichkeit erfolgt die Darstellung der Kräfte in Abhängigkeit vom Krümmungsradius (Bild 7.18). In Anlehnung an die zuvor durchgeführte Berechnung der Nutbreite wird der maximale Kraftverlauf auch hier bei einem Versatz von 0,9 mm dargestellt.

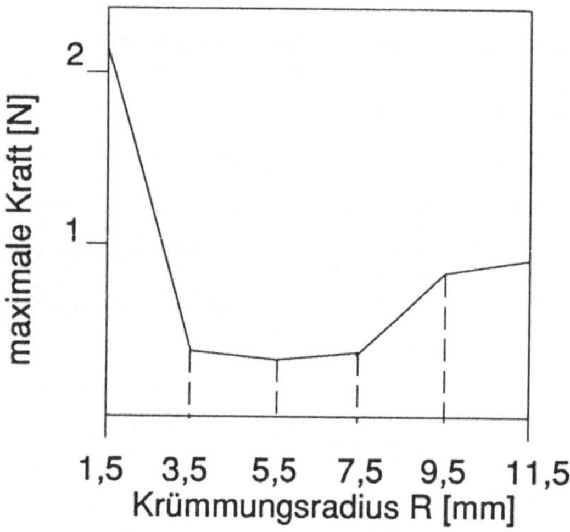

Bild 7.18: Verlauf der maximalen Montagekräfte in Abhängigkeit vom Krümmungsradius der Fügeschräge bei einem Versatz von 0,9 mm

Aus dem Kennfeld kann abgelesen werden, daß in einem Bereich des Krümmungsradius von ca. 3,5 mm bis 7,5 mm die Montagekraft am geringsten ist. Eine genauere Angabe des optimalen Krümmungsradius kann aufgrund der groben Inkrementierung von 2 mm nicht vorgenommen werden. Eine weitere Verfeinerung der Inkrementierung auf 1 mm ist nicht sinnvoll, da es sich nach

Bild 7.18 um ein sehr flach verlaufendes Minimum handelt und keine großen Kraftreduzierungen zu erwarten sind. Aus fertigungstechnischer Sicht ist eine genauere Festlegung ohnehin kaum zu realisieren.

Zusammenfassend liefert die Abschätzung der optimalen Nutform mit der Finite-Elemente-Methode eine Nutbreite von 4,6 mm und einen positiven Krümmungsradius R von ca. 5 mm.

Eine bildliche Darstellung des Fügeprozesses in der FE-Simulation faßt die gewonnenen Ergebnisse zusammen (Bild 7.19). Hierbei ist die unter dem Einfluß der Fügekraft verformte Dichtschnur visualisiert, wie sie an der leicht gekrümmten Fügeschräge entlang in die optimierte Nutform gefügt wird. Neben der Verformung der Dichtschnur lassen sich unter dem Einfluß der Montagekraft die resultierenden Spannungsbereiche im Querschnitt der Schnur erkennen.

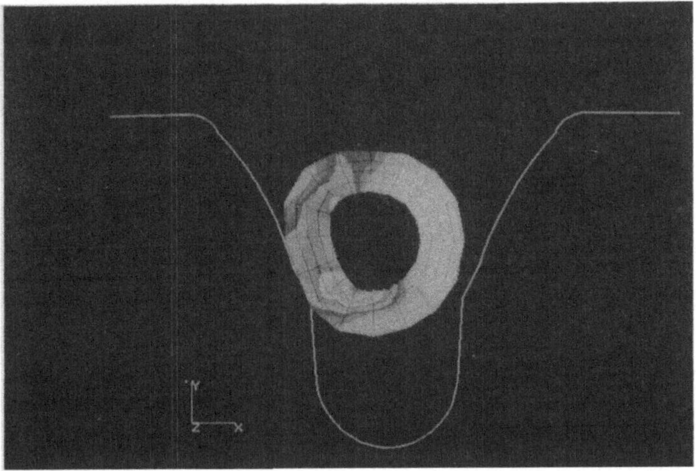

Bild 7.19: Ergebnisdarstellung des Fügeprozesses mit verformter Dichtschnur

7.5.4 Beurteilung der Optimierung

Zur Erlangung qualitativer Aussagen ist die Finite-Elemente-Methode ein geeignetes Werkzeug die oftmals zeitintensiven Versuche zu reduzieren. Zur Berechnung quantifizierbarer Ergebnisse ist sie allerdings weniger geeignet, da die sich während des Fügeprozesses stets ändernden Reibwerte keine genaue Eingabe zulassen. Zudem treten durch die Eingabe von Reibwerten bei dem verwendeten System starke Schwankungen in den Ergebnissen auf, wobei zum Teil die Berechnungen abgebrochen werden.

Eine weitere Einschränkung erfährt die Modellbildung, wenn es gilt, Ausweichbewegungen der zu montierenden Bauteile zuzulassen. Eine erfolgreiche Methode ist die Ankopplung eines der Bauteile an einen weichen, elastischen Körper, der die Bauteile räumlich definiert und dennoch eine Beweglichkeit bereits bei geringen Kräften ermöglicht. Durch diesen "Kunstgriff" mathematische Singularitäten vermieden. Quantifizierbare Ergebnisse lassen sich nicht uneingeschränkt ableiten.

Trotz dieser Einschränkungen lassen sich die in der Optimierung erzielten Ergebnisse als qualitativ richtig ansehen. Sie geben in erster Linie Anhaltspunkte für eine frühzeitige Gestaltung der Nut und unterstützen die intensive gedankliche Auseinandersetzung des Konstrukteurs mit dem Produkt.

7.6 Ergebnisse

Bei der Verwendung eines 6-achsigen vertikalen Knickarm-Roboters als Handhabungsgerät wird die bisherige Montage der Dichtschnur von ca. 36 Sekunden auf 20 Sekunden reduziert. Durch den ebenen Verlauf der Nut ist der Einsatz eines schnelleren 4-achsigen Horizontalknickarmroboters zu überdenken. Im Vergleich zum 6-Achsen-Gerät ist zudem eine Kostenreduzierung möglich.

Bei der Einführung von automatischen Montagevorgängen in bereits vorhandene getaktete Montageabläufe ergeben sich oft unnötige Wartezeiten der eingesetzten Roboter, die schneller als die bestehende Taktzeit die Montage der n.f.l. Bauteile erledigen. Zusätzliche Montageumfänge, die durch die Roboter ausgeführt werden können, führen zu einer besseren Auslastung der Roboter und zu einer besseren Rentabilität der Anlagen. Im konkreten Fall des Heizungsgehäuses könnte das Einlegen der Heizungsklappen zusätzlich durchgeführt werden.

8 Diskussion der Ergebnisse und weitere Entwicklungsziele

Die hier vorgestellte methodische Vorgehensweise sieht eine Integration der Produktentwicklung und der montagegerechten Gestaltung vor. Dieser Integrationsansatz baut primär auf Gestaltungsregeln auf, die - bei der Produktkonstruktion berücksichtigt - zu montagegerecht gestalteten Bauteilen führt und mit deren Hilfe Anforderungen an das Montagewerkzeug und an das Montagekonzept abgeleitet werden können. Durch den stets wachsenden Zugewinn an Erfahrungen besteht die Gefahr, daß das gesammelte Wissen nicht mehr übersichtlich und somit einfach zugreifbar gehalten werden kann. Damit das vorhandene Fachwissen zugänglich bleibt und zukünftig durch weitere Informationen ausgebaut werden kann, empfiehlt es sich ein rechnergestütztes wissensbasiertes System bereitzustellen.

Zur Sicherstellung der Akzeptanz der vorgestellten Vorgehensweise in der Praxis, ist eine einfache und schnelle Bearbeitung der Aufgabenstellungen zu realisieren. Eine Verkürzung der Bearbeitungszeit erfolgt bereits durch den Einsatz von Rechnern in der Konstruktion (CAD-System) und bei der Simulation des Fügeprozesses durch das Finite-Elemente-System. Da allerdings bisher kaum Schnittstellen zwischen diesen Rechensystemen vorhanden sind, müssen die in einem System bereits vorhandenen Daten durch eine zeitaufwendige Eingabe im zweiten System neu bereitgestellt werden. Einheitliche Datenbanken oder voll funktionsfähige Schnittstellen können diese sehr aufwendigen wiederholten Eingaben vermeiden helfen.

Expertensysteme bzw. wissensbasierte Systeme können auch bei der Konstruktion der Montagewerkzeuge eingesetzt werden. Die Aufbereitung des Wissens in Form von Lösungskatalogen, die bereits durch den Zugriffsteil das vorhandene Wissen zugänglich machen, ist bereits ein erster Schritt in Richtung eines Expertensystems.

Für die Simulation des Fügevorgangs mit Hilfe der Finiten-Elemente-Methode ergeben sich derzeit einige Einschränkungen. So können keine quantitativen Untersuchungen durchgeführt werden, da der Einfluß der Reibung, der den Fügeprozeß nachhaltig beeinflußt, mangels Rechenmodelle kaum berücksichtigt werden kann. Zum einen fehlen für die gummiartigen Materialien und deren Reibpartner geeignete Reibgesetze bzw. Reibwerte, die für die Berechnung herangezogen werden können. Zum anderen ist der Übergang der Haft- zur Gleitreibung im Finiten-Elemente-System ABAQUS, wie in vielen anderen Systemen, nicht exakt beschreibbar.

Ein weiteres Problem ergibt sich bei der Simulation der Fügebewegung, wenn das n.f.l. Bauteil an keinem definierten Punkt seiner Oberfläche **im fest gegriffenem** Zustand gefügt wird, sondern lediglich über Führungsflächen ausgerichtet wird. Durch den zugrundeliegenden mathematischen Ansatz der Finiten-Elemente-Methode ist das n.f.l. Bauteil damit nicht eindeutig in seiner Lage bestimmt, wodurch mathematische Singularitäten in der Berechnung auftreten, was zu einem Abbruch der Berechnung führt. Durch geeignete Kunstgriffe (wie z.B. mechanische Kopplung an einen fiktiven, elastischen Stab) ist zwar oft eine Vermeidung dieser Problematik möglich, jedoch führt dies für das Finite-Elemente-Modell zu einem eingeschränkten Abbild der Realität.

Die derzeitige Erzeugung der Bauteilgeometrien und des Finiten-Elemente-Netzes ist recht aufwendig. Dies verstärkt sich vor allem dann, wenn geometrische Änderungen durchgeführt werden sollen, um eine optimale Gestaltung der Bauteile zu verwirklichen. Abhilfe können hierfür weiterentwickelte Programme zur automatischen Generierung des Finiten-Elemente-Netzes schaffen. Wesentlich weitreichender könnten zur Optimierung der Bauteilgestalt Programme zur Strukturoptimierung eingesetzt werden, wie sie z.B. bei der Verbesserung der statischen Festigkeit von tragenden Bauteilen bereits Verwendung finden.

9 Zusammenfassung

Die automatisierte Montage von nicht formstabilen, langgestreckten Bauteilen
und die Vereinfachung des Lösungsfindungsprozesses, ist das gesetzte Ziel dieser
Arbeit. Zur Klärung der Aufgabenstellung werden zunächst die bisherigen Automatisierungsansätze analysiert und die Automatisierungshemmnisse aufgezeigt.
Es zeigt sich, daß vor allem die Gestaltung des Produktes als auch der Fügeprozeß
ausschlaggebend für die Automatisierung der Montage ist. Es ist daher für eine
methodische Lösungsfindung sinnvoll, bereits während der Konstruktion des
Produktes eine für die angestrebte Automatisierung günstige Gestaltung der zu
fügenden Bauteile und Montagepartner zu bewirken.

Verschiedene methodische Vorgehensweisen und bereits vorhandene Simulationsmodelle werden diskutiert und für die spezielle Aufgabenstellung eine
Vorgehensweise zur Lösungsfindung vorgeschlagen. Diese Vorgehensweise erlaubt es, möglichst frühzeitig, d.h. bereits während der Konstruktion der Bauteile,
Hinweise für die Realisierung der Automatisierungsaufgabe zu liefern. Diese
Hinweise, die der Produktkonstruktion zugrunde gelegt werden, beinhalten dabei
nicht nur spezielle Gestaltungsregeln, sondern berücksichtigen auch die Auswirkungen von unterschiedlichen Fügeverfahren auf die Automatisierung.

Mit in die Vorgehensweise einbezogen ist eine aufgabenspezifische Lösungsmethodik zur Konstruktion der Fügewerkzeuge. Ausgehend von den Teilfunktionen,
die sich aus der Formgebung des zu montierenden, nicht formstabilen, langgestreckten Bauteils ableiten lassen, werden auf der Basis von Lösungskatalogen
die Werkzeuge entwickelt.

Der Fügeprozeß, der nachhaltig über das Gelingen und die Zuverlässigkeit der
Montage entscheidet, wird zum einen durch die Gestalt und Materialbeschaffen-
heit des zu montierenden Bauteils, dessen Montagepartner und der Wirkfläche
des Fügewerkzeuges und zum anderen durch die Fügebewegung beeinflußt. Erst

die Abstimmung all dieser Einflußfaktoren mit ihren gegenseitigen Wechselwirkungen verspricht eine erfolgreiche Automatisierung. Ein rechnergestütztes Werkzeug (die Finite-Elemente-Methode) ergänzt dabei wesentlich die teils aufwendigen und zeitintensiven experimentellen Untersuchungen. Eingebunden in die übergeordnete Vorgehensweise zur Lösung des Automatisierungsproblems wird die Finite-Elemente-Methode zur Verbesserung des Fügeprozesses bei gleichzeitiger konstruktiver Optimierung der beteiligten Bauteile und der Fügewirkkörper eingesetzt. Sie trägt dabei zu einer Verkürzung der Planungsdauer bei und führt zu einer Zuverlässigkeitssteigerung der Montage.

Die als konkretes Anwendungsbeispiel aufgeführte Planung der automatischen Montage einer Gehäusedichtschnur zeigt zur Abrundung der Arbeit die methodische Lösungsfindung und den Einsatz der Finiten-Elemente-Methode auf.

10 Literatur

/1/ o.V.: Die "35" am Horizont. Flexible Automation 3/90, S. 16.

/2/ Milberg, J.; Diess, H.: Komplexer Aufbau. Maschinen Markt 95 (1989) 3, S. 26-29.

/3/ Milberg J.; Bürstner, H.: Montageautomatisierung, ein wirksamer Wettbewerbsfaktor. Planung und Produktion 35 (1987) 3, S. 6-15.

/4/ Koch, H.C.: Chancen, Risiken und Grenzen der Automatisierung am Beispiel der Automobilindustrie. Tagungsband "Kolloquium über automatische Produktionssysteme", München, 1985.

/5/ Pyper M.: Fingerfertigkeit bisher nur schwer zu ersetzen. VDI-Nachrichten 25.08.1989.

/6/ o.V.: Roboter auf dem Weltmarkt. Produktion 3/88, S. 3.

/7/ o.V.: Montage sorgt für neuen Schwung. Produktion 16/90, S. 3.

/8/ Warnecke, H.-J.; Schraft, R.-D.: Handbuch, Handhabungs-, Montage- und Industrierobotertechnik. Moderne Industrie, 1984.

/9/ o.V.: VDI-Richtlinie 2860, Blatt 2 (unveröffentlichter Entwurf), Montagefunktionen - Begriffe, Symbole, Definitionen. 1984.

/10/ o.V.: DIN 8580: Fertigungsverfahren Einteilung. Berlin; Köln: Beuth, 1974.

/11/ o.V.: VDI-Richtlinie 2860, Blatt 1, Handhabungsfunktionen, Handhabungseinrichtungen - Begriffe, Definitionen, Symbole. Berlin; Köln: Beuth-Vertrieb, 1982.

/12/ Warnecke H.J.; Bäßler, R.: Vorgehensweise zur montagegerechten Produktgestaltung. Robotersysteme 3 (1987) Nr. 1, S. 1-9.

/13/   Schraft, R.-D.; Bäßler, R.: Möglichkeiten zur Umsetzung des montage-
         gerechten Konstuierens. VDI-Berichte Nr. 592. Düsseldorf: VDI-Verlag,
         1986. S. 119-131.

/14/   Milberg, J.; Diess, H.; Götz, R.: Automatisierte Montage nicht formsta-
         biler Bauteile - Formgebungsaufgabe. Industrie-Anzeiger 39/1987, S.
         24-27.

/15/   Diess, H.: Automatisierte Montage von Dichtungsprofilen. Industrie
         Anzeiger 74/1986, S. 40-41.

/16/   Warnecke, H.-J.; Frankenhauser, B.: Montage biegeschlaffer Teile mit
         Industrieroboter. wt-Z. ind. Fertig. 76 (1986) 1, S. 8-11.

/17/   Tanner, W. R.: The basic course. Wire 14 (1981) 11, S. 277-279.

/18/   Deutscher Normenausschuß (Hrsg.): Dezimalklassifikation. Deutsche
         Kurzausgabe. 4. Auflage, Berlin.

/19/   o.V.: DIN 66 201 T1. Prozeßrechensysteme. Berlin; Köln: Beuth, 1981.

/20/   Reinhart, G.: Flexible Automatisierung der Konstruktion und Fertigung
         elektrischer Leitungssätze. München, Technische Universität, Diss. Dr.-
         Ing., 1988.

/21/   Glaas, W.: Automatisierte Programmgenerierung eines Kabelverlegero-
         boters. Industrie Anzeiger 111 (1989) 85, S. 38-39.

/22/   Frankenhauser, B.: Montage von Schläuchen mit Industrieroboter. Stutt-
         gart, Universität, Fakultät Fertigungstechnik, Diss. Dr.-Ing., 1988.

/23/   Milberg, J.; Diess, H.: Computer-Aided Planning of Flexible Automated
         Assembly Processes. Annals of the CIRP Vol. 36/1/1987, S. 1-4.

/24/   Milberg, J.; Diess, H.: Optimierung der Montagetechnik durch rechner-
         unterstützte Planungssysteme. ZwF 82 (1987) 4, S. 190-195.

/25/   Milberg, J.; Diess, H.: The Automated Assembly of Dimensionally Instable Parts. Annals of the CIRP Vol. 36/1/1986. S. 11-15.

/26/   Herrmann, G.: Analyse von Handhabungsvorgängen im Hinblick auf deren Anforderungen an programmierbare Handhabungsgeräte in der Teilefertigung. Stuttgart, Technische Hochschule, Diss. Dr.-Ing., 1976.

/27/   o. V.: DIN 8593 Teil 0: Fertigungsverfahren Fügen; Einordnung, Unterteilung, Begriffe. Berlin; Köln: Beuth, 1985.

/28/   o.V.: Ohne Beschädigung - Montage von elastischen Dichtringen. Produktion, 15.08.89, Nr. 20, S. 22.

/29/   Fischer, G.: Automatische Montage von O-Ringen mit neuartigen Roboterwerkzeugen. VDI-Z. Bd. 129(1987) Nr. 7.

/30/   o.V.: Portalroboter verklebt Dichtgummi. Robotertechnik, 1988, S. 52-54

/31/   Warnecke, H.J.; Frankenhauser, B.: Montage biegeschlaffer Teile mit Industrierobotern. wt Z. ind. Fertig. 76(1986) Nr. 1, S. 8-11.

/32/   Warnecke, H.J.; Frankenhauser, B.: Montage von Schläuchen. Roboter 1/88, S. 34-42.

/33/   Warnecke, H.J.; Frankenhauser, B.; Weisener, Th.: Methoden zum Toleranzausgleich bei der Montage von Schläuchen mit Industrierobotern. wt Werkstattstechnik 78(1988), S. 187-192.

/34/   Frankenhauser, B.: Montage biegeschlaffer Teile mit sensorgeführtem Industrieroboter. Industrie Anzeiger Nr. 81 v.9.10.1985/107. Jg., S. 23-24.

/35/   Palm, W.J.; Tolani, R.: Assembly of Products Containing Flexible Tubes. CAM-I International Spring Seminar, May 1983, St. Louis.

/36/   Hartmann, G.; Pössinger, J.; Stempfle, H.: Einlegen von Dichtungspro-
        filen in Geschirrspülerbehälter durch Industrieroboter. wt Werkstatts-
        technik 77(1987), S. 379-382.

/37/   Schlaich, G.: Kabelbaummontage mit Industrierobotern. Robotersyste-
        me 5 (1989), S. 120-128.

/38/   Milberg, J.; Hoßmann, J.: Automatische Montage nicht formstabiler
        Bauteile. Montage, 1/89, S. 16-24.

/39/   o.V.: Schutzrecht DE 84 00 766.4 U1 (1984-4-19). - Vorrichtung zum
        kontinuierlichen Einbringen eines Fußes eines länglichen elastischen
        Streifens in einen Aufnahmeraum.

/40/   o.V.: Schutzrecht GB 1 517 917 (1978-7-19). - Manufacture of Draught
        Excluders.

/41/   o.V.: Schutzrecht DE 2 122 812 A(1972-11-16). - Vorrichtung zum
        Befestigen einer Dichtung an einer Kraftfahrzeugtür, insbesondere an
        Personenkraftwagen.

/42/   o.V.: Schutzrecht DE 27 07 332 A1 (1978-8-24). - Werkzeug zur Vor-
        montage eines Profil-Dichtrahmens auf eine Scheibe, insbesondere für
        Kraftwagen.

/43/   o.V.: Schutzrecht EP 0 220 429 A1 (1987-5-6). - Vorrichtung zum
        Einlegen von Dichtungsprofilen.

/44/   o.V.: Schutzrecht DE 29 15 282 A1 (1980-10-23). - Einrichtung zum
        Einsetzen von Dichtungselementen in die Nuten von Falzen bei Werk-
        stücken, wie Fenster, Tür- und Wandelementen.

/45/   o.V.: Schutzrecht DE 37 10 726 A1 (1988-10-13). - Vorrichtung zum
        Einlegen von gummielastischen Schnüren als Dichtungen in Gehäusetei-
        le.

/46/   o.V.: Schutzrecht DE 35 41 865 A1 (1987-6-4). - Vorrichtung zum automatischen Aufstecken eines Strangmaterials auf einen Flansch.

/47/   o.V.: Schutzrecht EP 0 253 599 A2 (1988-1-20). - Installing weather stripping in a door or like opening.

/48/   o.V.: Schutzrecht DE 35 00 493 A1 (1985-7-18). - Verfahren und Vorrichtung zum automatischen Befestigen einer Dicht- oder Abschlußleiste.

/49/   o.V.: Schutzrecht DE 36 06 495 C1 (1987-4-30). - Verfahren und Vorrichtung zum Aufbringen von Klebemittel auf biegeweiche strangförmige Teile.

/50/   Schlaich, G.; Walther, J.: Automatisierte Montage von Kabelsträngen. Industrieanzeiger 87/88, (1985) 107, S. 32/4.

/51/   Milberg, J.; Diess, H.: Rechnerunterstützte Planung von automatischen Montageanlagen. VDI-Z Bd. 128 (1986) Nr. 11-Juni (I), S. 443-449.

/52/   Milberg, J.; Maier, Ch.; Diess, H.: Flexible Montageautomatisierung im Fahrzeugbau. ZwF 81 (1986) 4, S. 185-189.

/53/   Milberg, J.: Untersuchungen zur automatischen Montage nicht formstabiler Bauteile. DFG Mi 234/10-1, 1988, S. 14.

/54/   Milberg, J.; Diess, H.: Simulationstechnik - Die Planung von flexiblen Montagesystemen. Techn. Rundschau 2/88, S. 56-63.

/55/   o. V.: DIN 8593 Teil 3: Fertigungsverfahren Fügen; Anpressen, Einpressen; Einordnung, Unterteilung, Begriffe. Berlin; Köln: Beuth, 1985.

/56/   Hoßmann, J.: Simulation von Fügeprozessen bei der Montage von Gummimaterialien. Kautschuk + Gummi Kunststoffe, 43. Jahrgang, Heft 3/90, S. 215-217.

/57/ Cardaun, U.: Systematische Auswahl von Greiferkonzepten für die Werkstückhandhabung. Hannover, Universität, Dissertation, 1981.

/58/ o.V.: VDI-Richtlinie 2221, Methodik zum Entwickeln und Konstruieren technischer Systeme und Produkte. Berlin; Köln: Beuth, 1986.

/59/ Roth, K.: Konstruieren mit Konstruktionskatalogen. Berlin; Heidelberg; New York: Springer, 1982

/60/ Roth, K.: Modellsystem zum selbständigen Konstruieren des Rechners. VDI-Z. 130 (1988), Nr. 7, S. 68-75.

/61/ Ehrlenspiel, K.: Kostengünstig Konstruieren. Berlin Heidelberg; New York; Tokyo: Springer, 1985.

/62/ Pahl, G.; Beitz, W.: Konstruktionslehre. Handbuch für Studium und Praxis. Berlin; Heidelberg; New York; London; Paris; Tokyo, 1986.

/63/ Ehrlenspiel, K.: Konstruktionslehre. Skriptum zur Vorlesung. TU München 1988.

/64/ Andreason, M. M.; Kähler S.; Lund, T.: Montagegerechtes Konstruieren. Berlin; Heidelberg; Tokyo: Springer, 1985.

/65/ Andreason, M. M.; Kähler S.; Lund, T.: Design for assembly. 2. ed.. Berlin; Heidelberg; New York; Tokyo: Springer, 1988.

/66/ Barthelmeß P.: Montagegerechtes Konstruieren durch Integration von Produkt- und Montageprozeßgestaltung. München, Techn. Universität, Dissertation, 1987.

/67/ Friedmann T.: Integration von Produktentwicklung und Montageplanung durch neue, rechnerunterstützte Verfahren. Karlsruhe, Universität, Dissertation, 1989.

/68/   Tönshoff, H. K.; Rudolph, F. N.: Neue Ansätze zum Zusammenwirken von Konstruktion und Fertigung in der flexiblen Produktion. ZwF 84 (1989) 5, S. 253-257.

/69/   Bäßler, R.: Integration der montagegerechten Produktgestaltung in den Konstruktionsprozeß. Stuttgart, Universität, Fakultät Fertigungstechnik, Diss. Dr.-Ing., 1988.

/70/   Diess, H.: Rechnerunterstützte Entwicklung flexibel automatisierter Montageprozesse. München, Technische Universität, Dissertation, 1987.

/71/   Mancosu, F.; Piccinini, D.: CAE Approach for Door Sealing Profiles. Kautschuk + Gummi Kunststoffe, 42. Jahrgang, Heft 7/89, S. 613-615.

/72/   Warnecke, H.J.; Frankenhauser, B.: Untersuchungen über die automatische Montage von Schläuchen mit Industrieroboter. Robotersysteme 4, (1988), S. 93-105.

/73/   Warnecke, H.J.; Frankenhauser, B.: CAE in der Kunststoffindustrie; FEM als Planungshilfsmittel für Roboter-Montagestationen für biegeschlaffe Teile. CAE-Journal 3/87, S. 50-59.

/74/   Riese, K.: Klipsmontage mit Industrierobotern. München, Technische Universität, Dissertation, 1988.

/75/   Wisbacher, J.: Simulation komplexer Fügebewegungen bei Schnappverbindungen. Kunststoffe 80 (1990) 1, S. 61-64.

/76/   Milberg, J.; Diess, H.; Götz, R.: Flächen-Unterdruckgreifer für nicht formstabile Bauteile. Industrieanzeiger 73, (1987) 109, S. 24-28.

/77/   o.V.: Forschung und Entwicklung. Technische Information 101 09 89. Viersen, 1989. - Firmenschrift Draftex GmbH und Co. KG.

/78/   Lees, W.A.: Adhesives in engineering design. Berlin; Heidelberg; New York; Tokyo: Springer, 1984.

/79/   Spur, G.; Stöferle, Th.: Handbuch der Fertigungstechnik: Fügen, Hand-
        haben, Montieren. Bd. 5. München; Wien: Carl Hanser, 1986.

/80/   Käufer, H.: Konstruktive Gestaltung von Klebungen zur Fertigungs- und
        Festigkeitsoptimierung. Konstruktion 36 (1984) H. 10, S. 371-377.

/81/   Dorn, L.: Kleben - eine zukunftsweisende Fügetechnik. Konstruktion 36
        (1984) H. 8, S. 311-315.

/82/   Matschi, H.: Kleben in der Serienmontage. Montage, 2/89, S. 40-42.

/83/   o.V.: Boom beim Kleben und Dichten. Roboter, 2/88, S. 62-64.

/84/   Wölfle, M.: Kleben ohne zu Klecksen. Roboter 4/85, S. 42-49.

/85/   Walter, G.: Kunstoffe und Elastomere in Kraftfahrzeugen. Stuttgart;
        Berlin; Köln; Mainz: Kohlhammer, 1985.

/86/   o.V.: Kleben integriert; Prozeßoptimierung mit Software. Roboter, 5/89,
        S. 56.

/87/   Dalluhn, H.; Hartmann, G.: Industrieroboter-Zelle zum Auftragen von
        engtolerierten Kleber- und Schaumdichtungsraupen. ZwF 83 (1988) 1,
        S. 11-15.

/88/   Saechtling, H.: Kunststoff Taschenbuch. 23. Ausgabe. München; Wien:
        Carl Hanser, 1986.

/89/   Truckenbrodt, E.: Lehrbuch der angewandten Fluidmechanik. Berlin;
        Heidelberg; New York; Tokyo: Springer, 1983.

/90/   Schmidt, G.: Grundlagen der Regelungstechnik. Berlin; Heidelberg;
        New York; Tokyo: Springer, 1984.

/91/   Mende; Simon: Physik-Gleichungen und Tabellen. 7. Aufl. Leipzig: VEB
        Fachbuch, 1981.

/92/   Magnus, K.; Müller, H.H.: Grundlagen der technischen Mechanik. 2. Aufl. Stuttgart: Teubner, 1979.

/93/   Magnus, K.: Schwingungen - Eine Einführung in die theoretische Behandlung von Schwingungsproblemen. 4.Aufl. Stuttgart: Teubner, 1986.

/94/   Bathe, K.-J.: Finite-Elemente-Methode. Berlin; Heidelberg: Springer, 1986.

/95/   Zienkiewicz, O. C.: The Finite Element Method. 3rd ed.. New York: Mc. Graw Hill Book Company, 1977.

/96/   Hübner, K. H.: The Finite Element Method for Engineers. New York: J. Wiley & Sons, 1975.

/97/   Gallagher, R. H.: Finite Element Analysis - Fundamentals. New York: Englewood Cliffs, 1975.

/98/   o.V.: Patran-Plus User Manual. Release 2.3. PDA Engineering ,July 1988.

/99/   o.V.: PAT/ABAQUS-Application Interface. Release 3.0. PDA Engineering, Febr. 1989.

/100/   o.V.: Abaqus-Theory-Manual. Hibbit, Kalson and Sorensen Inc., 1984.

/101/   o.V.: Abaqus-User-Manual. Hibbit, Kalson and Sorensen Inc., 1984.

/102/   Scharnhorst, T.: Incrementelle Finite Element Methoden für elastische und viskoelastische Materialien zur Lösung quasistatischer Randwertaufgaben. Berlin, Technische Universität, Diss. Dr.-Ing., 1979.

/103/   Holzemer, K.: Berechnungsverfahren für Gummi und deren Einsatz bei der Entwicklung von Gummibauteilen. VDI-Berichte Nr. 444, 1982.

/104/   Rivlin, R. S.: Large elastic deformations of isotropic materials. 1. Fundamental concepts Phil. Trans. Roy. Soc. A 240, S. 459-490 (1948).

/105/ Marotzke, C.: Untersuchung von Werkstoffgesetzen für Elatomere und Lösung von damit zusammenhängenden Randwertproblemen der nichtlinearen finiten Elastizitätstheorie mit Hilfe der Methode der Finite-Elemente. Berlin, Technische Universität, Diss. Dr.-Ing., 1983.

/106/ Dubbel: Taschenbuch für den Maschinenbau. 16. Aufl. London; Paris; New York: Springer, 1987.

/107/ o.V.: DIN 53 505: Härteprüfung nach Shore A und Shore D - Prüfung von Kautschuk, Elastomeren und Kunststoffen. Berlin: Beuth, 1987.

/108/ o.V.: DIN 53 513: Bestimmung der visko-elastischen Eigenschaften von Elastomeren - Prüfung von Kautschuk und Elastomeren. Berlin: Beuth, 1983.

/109/ o.V.: DIN 53 519: Bestimmung der Kugeldruckhärte von Weichgummi - Internationaler Gummihärtegrad (IRHD). Berlin: Beuth, 1972.

/110/ Goebel, E.F.: Gummifedern-Berechnung und Gestaltung - Konstruktionsbücher. 3. Aufl. Berlin; Köln; Heidelberg: Springer, 1969.

/111/ o.V.: DIN 53 504: Bestimmung von Reißfestigkeit, Zugfestigkeit, Reißdehnung und Spannungswerten im Zugversuch - Prüfung von Kautschuk und Elastomeren. Berlin; Köln: Beuth, 1985.

/112/ Bormann, A.: Komplexes Verfahren zur Ermittlung des Kraftschluß und Abriebverhaltens, sowie der Rollverluste von Protektorvulkanisatoren. Dresden, Technische Universität, Diss. Dr.-Ing., 1985.

/113/ Fleischer, G.; Heinicke D.: Einfuß aggresiver Medien auf das Reibungs- und Verschleißverhalten hochpolymerer Lagerwerkstoffe. Plaste und Kautschuk 4/1987 34. Jahrg., S. 170-173.

/114/ Ettles, C. M. (Hrsg.); American Society of Lubrication Engineers ASLE (Veranst.): Polymer and Elastomer Friction in the Thermal Control Regime (41st Annual Meeting in Toronto, Ontario, Canada May 1986). ASLE Trans. 30 (1986), S. 149-159.

/115/ Chernyak, Yu. B.; Leonov, A. I.: On the theory of the adhesive friction of elastomers. Wear 108 (1986, S. 105-138.

/116/ Sidney, A. K.; Nannaji, S.: High-Load and Low-Speed Sliding Behavior of Marginally Lubricated Metal Surface. ASLE Trans. 29 (1984), S. 1-12-

/117/ Häberlein, M.: Untersuchungen zum Wandgleitverhalten von Kautschukmischungen. Kautschuk + Gummi Kunststoffe 11 (1985) 39 Jahrg., S. 1059-1064.

/118/ Erhard, G.: Zum Reibungs- und Verschleißverhalten von Polymerwerkstoffen. Karlsruhe, Technische Hochschule, Diss. Dr.-Ing., 1980.

/119/ o.V.: DIN 53 375: Bestimmung des Reibungsverhaltens - Prüfung von Kunststoff-Folien. Berlin; Köln: Beuth, 1986.

/120/ Beschorner, D.: ABWL kurzgefaßt - Allgemeine Betriebswirtschaftslehre in komprimierter Form. 3. Aufl. München: V. Florentz, 1985.

/121/ Warnecke, H.-J.; Bullinger, H. J.; Hichert, T.: Wirtschaftlichkeitsrechnung für Ingenieure. München; Wien: Hanser, 1980.

iwb Forschungsberichte

Berichte aus dem Institut für Werkzeugmaschinen und Betriebswissenschaften
der Technischen Universität München

Herausgeber: Prof. Dr.-Ing. J. Milberg

---

1 **Streifinger, E.**
Beitrag zur Sicherung der Zuverlässigkeit und Verfügbarkeit
moderner Fertigungsmittel
1986. 72 Abb. 167 Seiten, ISBN 3-540-16391-3   68,- DM

2 **Fuchsberger, A.**
Untersuchung der spanenden Bearbeitung von Knochen
1986. 90 Abb. 175 Seiten, ISBN 3-540-16392-1   68,- DM

3 **Maier, C.**
Montageautomatisierung am Beispiel des Schraubens mit
Industrierobotern
1986. 77 Abb. 144 Seiten, ISBN 3-540-16393-X   68,- DM

4 **Summer, H.**
Modell zur Berechnung verzweigter Antriebsstrukturen
1986. 74 Abb. 197 Seiten, ISBN 3-540-16394-8   68,- DM

5 **Simon, W.**
Elektrische Vorschubantriebe an NC-Systemen
1986. 141 Abb. 198 Seiten, ISBN 3-540-16693-9   68,- DM

6 **Büchs, S.**
Analytische Untersuchungen zur Technologie der Kugelbearbeitung
1986. 74 Abb. 173 Seiten, ISBN 3-540-16694-7   68,- DM

7 **Hunzinger, I.**
Schneiderodierte Oberflächen
1986. 79 Abb. 162 Seiten, ISBN 3-540-16695-5   68,- DM

8 **Pilland, U.**
Echtzeit-Kollisionsschutz an NC-Drehmaschinen
1986. 54 Abb. 127 Seiten, ISBN 3-540-17274-2   68,- DM

9 **Barthelmeß, P.**
Montagegerechtes Konstruieren durch die Integration
von Produkt- und Montageprozeßgestaltung
1987. 70 Abb. 144 Seiten, ISBN 3-540-18120-2   68,- DM

10 **Reithofer, N.**
Nutzungssicherung von flexibel automatisierten Produktionsanlagen
1987. 84 Abb. 176 Seiten, ISBN 3-540-18440-6   68,- DM

11 **Diess, H.**
Rechnerunterstützte Entwicklung flexibel automatisierter
Montageprozesse
1988. 56 Abb. 144 Seiten, ISBN 3-540-18799-5   73,- DM

12 Reinhart, G.
Flexible Automatisierung der Konstruktion
und Fertigung elektrischer Leitungssätze
1988, 112 Abb. 197 Seiten, ISBN 3-540-19003-1   73,- DM

13 Bürstner, H.
Investitionsentscheidung in der rechnerintegrierten Produktion
1988, 77Abb. 190 Seiten, ISBN 3-540-19099-6   73,- DM

14 Groha, A.
Universelles Zellenrechnerkonzept für flexible Fertigungssysteme
1988, 74 Abb. 153 Seiten, ISBN 3-540-19182-8   73,- DM

15 Riese, K.
Klipsmontage mit Industrierobotern
1988, 92 Abb. 150 Seiten, ISBN 3-540-19183-6   73,- DM

16 Lutz, P.
Leitsysteme für rechnerintegrierte Auftragsabwicklung
1988, 44 Abb. 144 Seiten, ISBN 3-540-19260-3   73,- DM

17 Klippel, C.
Mobiler Roboter im Materialfluß eines flexiblen Fertigungssystems
1988, 86 Abb. 164 Seiten, ISBN 3-540-50468-0   73,- DM

18 Rascher, R.
Experimentelle Untersuchungen zur Technologie der Kugelherstellung
1989, 110 Abb. 200 Seiten, ISBN 3-540-51301-9   73,- DM

19 Heusler, H.-J.
Rechnerunterstützte Planung flexibler Montagesysteme
1989, 43 Abb. 154 Seiten, ISBN 3-540-51723-5   73,- DM

20 Kirchknopf, P.
Ermittlung modaler Parameter aus Übertragungsfrequenzgängen
1989, 57 Abb. 157 Seiten, ISBN 3-540-51724   73,- DM

21 Sauerer, Ch.
Beitrag für ein Zerspanprozeßmodell Metallbandsägen
1990, 89 Abb. 166 Seiten, ISBN 3-540-51868-1   78,- DM

22 Karstedt, K.
Positionsbestimmung von Objekten in der Montage-
und Fertigungsautomatisierung
1990, 92 Abb. 157 Seiten, ISBN 3-540-51879-7   78,- DM

23 Peiker, St.
Entwicklung eines integrierten NC-Planungssystems
1990, 66 Abb. 180 Seiten, ISBN 3-540-51880-0   78,- DM

24 Schugmann, R.
Nachgiebige Werkzeugaufhängungen für die automatische Montage
1990. 71 Abb. 155 Seiren, ISBN 3-540-52138-0   78,- DM

25 **Wrba, P**
Simulation als Werkzeug in der Handhabungstechnik
1990, 125 Abb., 178 Seiten, ISBN 3-540-52231-X   78,- DM

26 **Eibelshäuser, P.**
Rechnerunterstützte experimentelle Modalanalyse
mitells gestufter Sinusanregung
1990, 79 Abb., 156 Seiten, ISBN 3-540-52451-7   78,- DM

27 **Prasch, J.**
Computerunterstützte Planung von chirurgischen Eingriffen
in der Orthopädie
1990, 113 Abb., 164 Seiten, ISBN 3-540-52543-2   78,- DM

28 **Teich, K.**
Prozeßkommunikation und Rechnerverbund in der Produktion
1990, 52 Abb., 158 Seiten, ISBN 3-540-52764-8   78,- DM

29 **Pfrang, W.**
Rechnergestützte und graphische Planung manueller
und teilautomatisierter Arbeitsplätze
1990, 59 Abb., 153 Seiten, ISBN 3-540-52829-6   78,- DM

30 **Tauber, A.**
Modellbildung kinematischer Stukturen
als Komponente der Montageplanung
1990, 93 Abb., 190 Seiten, ISBN 3-540-52911-X   78,- DM

31 **Jäger, A.**
Systematische Planung komplexer Produktionssysteme
1991, 75 Abb., 148 Seiten, ISBN 3-540-53021-5   78,- DM

32 **Hartberger, H.**
Wissensbasierte Simulation komplexer Produktionssysteme
1991, 58 Abb., 154 Seiten, ISBN 3-540-53326-5   78,- DM

33 **Tuczek H.**
Inspektion von Karosseriepreßteilen auf Risse und Einschnürungen
mittels Methoden der Bildverarbeitung
1992, 125 Abb., 179 Seiten, ISBN 3-540-53965-4   88,- DM

34 **Fischbacher, J.**
Planungsstrategien zur strömungstechnischen Optimierung
von Reinraum–Fertigungsgeräten
1991, 60 Abb., 166 Seiten, ISBN 3-540-54027-X   78,- DM

35 **Moser, O.**
3D–Echtzeitkollisionsschutz für Drehmaschinen
1991, 66 Abb., 177 Seiten, ISBN 3-540-54076-8   78,- DM

36 **Naber, H.**
Aufbau und Einsatz eines mobilen Roboters mit
unabhängiger Lokomotions- und Manipulationskomponente
1991, 85 Abb., 139 Seiten, ISBN 3-540-54216-7   78,- DM

37 **Kupec, Th.**
Wissensbasiertes Leitsystem zur Steuerung flexibler Fertigungsanlagen
1991, 68 Abb., 150 Seiten, ISBN 3-540-54260-4   78,- DM

38 Maulhardt, U.
Dynamisches Verhalten von Kreissägen
1991, 109 Abb., 159 Seiten, ISBN 3-540-54365-1   78,– DM

39 Götz, R.
Stukturierte Planung flexibel automatisierter Montagesysteme
für flächige Bauteile
1991, 86 Abb., 201 Seiten, ISBN 3-540-54401-1   78,– DM

40 Koepfer, Th.
3D- grafisch-interaktive Arbeitsplanung – ein Ansatz
zur Aufhebung der Arbeitsteilung
1991, 74 Abb., 126 Seiten, ISBN 3-540-54436-4   78,– DM

41 Schmidt, M.
Konzeption und Einsatzplanung flexibel automatisierter
Montagesysteme
1992, 108 Abb., 168 Seiten, ISBN 3-540-55025-9   88,– DM

42 Burger, C.
Produktionsregelung mit entscheidungsunterstützenden
Informationssystemen
1992, 94 Abb., 186 Seiten, ISBN 5-540- 55187-5   88,– DM

43 Hoßmann, J.
Methodik zur Planung der automatischen Montage von nicht
formstabilen Bauteilen
1992, 73 Abb., 168 Seiten, ISBN 3-540-5520-0   88,– DM